我爱精选家常菜

凉菜 炒菜 炖菜 蒸菜 煎炸 烤箱菜

—— 梓 晴◇著 ——

U0388899

北京科学技术出版社

图书在版编目（CIP）数据

我爱精选家常菜 / 梓晴著. — 北京：北京科学技术出版社，2016.1
ISBN 978-7-5304-6981-1

Ⅰ．①我… Ⅱ．①梓… Ⅲ．①家常菜肴－菜谱 Ⅳ．① TS972.12

中国版本图书馆 CIP 数据核字（2013）第 288171 号

我爱精选家常菜

作　　者：梓　晴
责任编辑：代　艳
策划编辑：刘　超
图文制作：樊润琴
责任印制：张　良
出 版 人：曾庆宇
出版发行：北京科学技术出版社
社　　址：北京西直门南大街16号
邮政编码：100035
电话传真：0086-10-66135495（总编室）
　　　　　0086-10-66113227（发行部）
　　　　　0086-10-66161952（发行部传真）
电子信箱：bjkj@bjkjpress.com
网　　址：www.bkydw.cn
经　　销：新华书店
印　　刷：北京印匠彩色印刷有限公司
开　　本：720mm×1000mm　1/16
印　　张：10.5
版　　次：2016年1月第1版
印　　次：2016年1月第1次印刷
ISBN 978-7-5304-6981-1 /T · 780

定价：35.80元

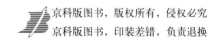

Preface 前 言

　　许多年前，当我还是咿呀学语的孩子时，我的父母跟那个物资匮乏的年代里的许多其他年轻父母一样，为了给孩子改善生活，只能买材料回家自己一点一点学着做。可那时的我，总是觉得邻居家的饭菜更香，路边的小吃更诱人，饭店里的菜肴才是大餐。虽然老爸做菜的水平不断提高，但那些家常菜却似乎抓不住我那颗渴望外面世界的心。

　　长大后，我去外地读书、工作，每天吃着食堂里的大锅饭或饭店里的山珍海味。当曾经向往的味道成了生活的一部分，最初的新鲜感消失殆尽，我吃得并不开心，总觉得少了点儿什么。距离让曾经每天必吃的"爸爸菜"成了一种奢侈品，而曾经想逃离的味道居然开始令我怀念。人总是这样吗？在家的时候，家的味道总是淡淡的，一切都是那么理所当然；离家以后，家的味道一下子变得很浓很浓。每当此时，我便特别想念爸爸烹调的那几样菜，虽然是一些很普通的家常菜，却是我记忆中的家最温暖的部分。

　　结婚后，我开始学着洗手做汤羹。我看菜谱，打电话向老爸求助，笨拙地学着搭配营养，学着将饭菜做得可口。爱情可以让一个女人爱上厨房，只为那个他；而宝宝是我生命中的天使，每天看到她的笑脸是我最开心的事情，让我甘之如饴地费尽心思做饭菜给她吃。看到她吃得倍儿香，我比得到什么奖都更有成就感！我突然发现，这些年我其实一直在重复爸爸曾经做过的事情，并因此开心快乐。

　　因为爱，我才爱上了做饭。家常菜也因为有爱，才变得与众不同，让人念念不忘。这本书中的菜都是家常菜，拥有令人百吃不厌的味道。我出版这本书的目的，与其说是希望跟更多的人分享做菜的经验，不如说是希望跟大家分享爱！让我们多花一点儿时间陪伴家人，亲手为他们做一顿饭，享受与他们在一起的时光。

梓　晴

新浪博客：http://blog.sina.com.cn/wqsf
新浪微博：http://weibo.com/u/1265346564

调料的定量 ▶▶▶

1汤匙和1茶匙的对比

1汤匙盐或糖：15克

1/2汤匙盐或糖：7.5克

1茶匙盐或糖：5克

1/2茶匙盐或糖：2.5克

1汤匙醋或酱油：15毫升

1/2汤匙醋或酱油：7.5毫升

1茶匙醋或酱油：5毫升

1/2茶匙醋或酱油：2.5毫升

Contents 目 录

🍳 *Part* 1
凉 菜

🍳 *Part* 2
炒 菜

Part 3

炖 菜

Part 4
蒸菜

Part 5
煎炸

Part 6
烤箱菜

Part 1

凉菜

酱萝卜

📋 原料

白萝卜1个（约500克）

📋 调料

盐1茶匙，白糖2茶匙+1汤匙，生抽4汤匙，白醋2汤匙，纯净水3汤匙

📋 做法

① 白萝卜洗净，不要去皮，切成薄片后放入一个较大的容器中。

② 加入盐，拌匀，腌渍30分钟。

③ 倒掉渍出的水，再挤出萝卜片中的水分。

④ 加入1茶匙白糖，拌匀，腌渍30分钟。

⑤ 挤出水分。重复步骤4，再次挤出水分。

⑥ 加入生抽、白醋、纯净水和1汤匙白糖。

⑦ 抓匀，使萝卜片浸没在调味汁中。

⑧ 盖上盖子，放入冰箱冷藏两天左右，即可取出食用。

梓晴小贴士 ▶

1. 白萝卜不要去皮，这样腌好后才会爽脆。
2. 白萝卜先用盐腌一次，再用白糖腌两次，就不会有很重的萝卜味了。
3. 调料的用量仅供参考（腌500克白萝卜），可以根据白萝卜的量和自己的口味加以调整。
4. 调味汁要足以浸没萝卜片，以便入味。

果仁菠菜

🍲 原料

菠菜300克，熟花生碎50克

🍲 调料

朝天椒2个，生抽1茶匙，盐1/2茶匙，
香油1/2茶匙，鸡精少许，芝麻碎10克

🍲 做法

菠菜洗净，放入沸水中焯30秒。

捞出，放入凉开水中浸泡。

沥干，切成两段。

朝天椒洗净，切圈。

与生抽、盐、香油和鸡精一起
拌匀，制成调味汁。

菠菜中依次加入调味汁、芝麻
碎、熟花生碎，拌匀装盘即可。

凉菜 | 炒菜 | 炖菜 | 蒸菜 | 煎炸 | 烤箱菜

◣ 梓晴小贴士 ◢

1. 芝麻一定要提前炒香，压碎后加入菠菜中，这样才能凸显芝麻的香味。
2. 可以使用其他绿叶蔬菜代替这道菜中的菠菜，风味会大不相同。
3. 如果怕辣或者想味道清淡一些，可以选用甜椒或者不加辣椒。

橙汁藕片

🍲 原料

莲藕1节

🍲 调料

橙汁、水淀粉适量，白醋少许

🍲 做法

新鲜莲藕去皮洗净，切薄片。

浸泡在加有少许白醋的水中。

捞出，放入沸水中焯一下。

捞出，用凉水浸泡。

捞出沥干，备用。

小锅中倒入橙汁，加热至沸腾。

加入适量水淀粉，继续加热至沸腾，制成调味汁备用。

调味汁放至温热后淋在藕片上即可。

◢ 梓晴小贴士 ▶

1. 选用表面发黄，断口处有清香的莲藕。看起来很白，闻着有酸味的莲藕很可能是用工业用酸处理过的。
2. 藕身又粗又圆，节短，从藕尖数起的第二节藕最佳。
3. 藕的各部分适合不同的烹饪方法：藕尖较嫩，适合凉拌；中段适合炒食；老藕适合在孔洞中塞入糯米做成桂花糖藕。
4. 去了皮的莲藕容易氧化变黑，最好放入清水或者淡盐水中以隔绝空气。切好的藕片可以浸泡在加有少许白醋的水中，这样烹饪时不易变色，同时去掉了多余的淀粉，口感更爽脆。
5. 藕片焯水时最好不用铁锅，否则会变成酱紫色，影响品相。
6. 藕片焯水的时间不宜过长。如果藕片切得很薄，要在水再次沸腾前捞出。
7. 焯好的藕片要立即用凉水浸泡，这个步骤很重要，能够保留藕片脆嫩的口感。
8. 这道菜放入冰箱冷藏后食用，口感更佳。

凉菜

炒菜

炖菜

蒸菜

煎炸

烤箱菜

三色拌菜心

原料

菜心250克，咸蛋黄1个

调料

红辣椒1个，盐1茶匙，植物油1茶匙，蒸鱼豉油1汤匙

做法

① 锅中加入适量清水，再加入盐和油，烧沸后放入菜心。

② 菜心变软即可捞起，过凉水，沥干备用。

③ 红辣椒洗净，切圈。

④ 咸蛋黄切碎。

⑤ 菜心切成两段，置于盘中摆好造型。

⑥ 在菜心上铺一道咸蛋黄碎，再放红辣椒圈。

⑦ 将蒸鱼豉油淋在菜心上即可食用。

梓晴小贴士

1.焯水时间不要过长，菜心变软即可。

2.咸蛋黄不要切得过碎。

3.如果没有蒸鱼豉油，淋些烧沸的色拉油或海鲜酱油也可以。

麻酱芹菜拌鸡丝

🍲 原料

西芹1根，鸡脯肉500克

🍲 调料

生姜1块，生抽1茶匙，芝麻酱2茶匙，花生粉1茶匙，清水2茶匙，盐1/2茶匙，白芝麻1/4茶匙，鸡精1/4茶匙

🍲 做法

① 生姜切片。鸡脯肉洗净后切大块，和生姜片一起放入沸水中煮熟。

② 捞出，晾凉后撕成丝。

③ 西芹洗净，削去粗纤维，斜切成薄片。

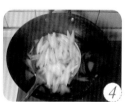

④ 放入沸水中焯一下，捞出沥干。

⑤ 将鸡丝与西芹片混合。

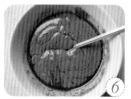

⑥ 将除生姜以外的调料拌匀，制成调味酱。

⑦ 将调味酱倒入鸡丝与西芹片的混合物中拌匀。

凉菜

炒菜

炖菜

蒸菜

煎炸

烤箱菜

◣ 梓晴小贴士 ▶

1. 煮鸡脯肉时加几片生姜可以去除腥味。
2. 煮好的鸡脯肉一定要用手撕成丝，用刀切成丝不易入味。

木耳拌笋丝

原料

莴笋1根，干木耳10克

调料

红辣椒2个，芝麻5克，白醋2汤匙，白糖1茶匙，盐1茶匙，凉开水2汤匙

做法

莴笋洗净去皮，切段。

嫩莴笋叶洗净，在沸水中焯一下，捞出沥干，切末。

木耳泡发，去除根蒂，并撕成小朵。

红辣椒洗净，切圈。

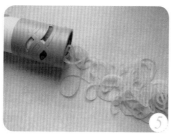

用蔬菜绞丝器将莴笋绞成丝状。

将莴笋丝放入盘中，加1/2茶匙盐，拌匀后腌渍10分钟，沥干。

将白醋、白糖、剩下的盐和凉开水混合拌匀，制成调味汁。

将莴笋丝、莴笋叶末和木耳混合均匀。

撒上红辣椒圈和芝麻，淋上调味汁，拌匀即可。

梓晴小贴士

1. 莴笋的嫩叶不要扔掉。
2. 木耳的根蒂要去净，否则会影响口感。
3. 如果没有蔬菜绞丝器，将莴笋切成细丝也不影响口感，只是造型略微不同。

凉菜

炒菜

炖菜

蒸菜

煎炸

烤箱菜

XO酱拌黄瓜

🍲 **原料**

鲜虾10只，黄瓜1根

🍲 **调料**

XO酱1汤匙，橄榄油、盐、海鲜酱油适量

🍲 **做法**

①

②

③

④

鲜虾去头、去壳、去虾肠备用。

剥好的虾仁放入沸水中煮约2分钟，颜色变红后捞出。

黄瓜洗净去皮，切成厚片。

将黄瓜与虾仁混合，加入橄榄油、盐、海鲜酱油、XO酱，拌匀。

梓晴小贴士

1. 要想保持虾的形状，用牙签从虾的第一个关节处挑出虾肠。
2. 这道菜只需要虾仁，所以要将虾头剪掉，去掉虾壳，沿虾背浅浅剪开，用牙签挑出虾肠。

凉拌口蘑

🍲 **原料**

口蘑300克

🍲 **调料**

香葱1根，盐适量，海鲜酱油、香油少许

🍲 **做法**

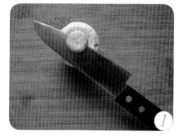

① 口蘑洗净，切去根部。

② 将口蘑切成薄片。

③ 放入沸水中煮2～3分钟，捞出过凉水。

④ 沥干备用。

⑤ 香葱切末。依次加入盐、海鲜酱油、香油和香葱末，拌匀。

▶ **梓晴小贴士**

1.口蘑味道鲜美，富含硒元素并含有多种抗病毒成分，而且利于美容减肥。

2.口蘑味鲜，烹饪时千万不要加太多调料，用简单的调料更能凸显其鲜味。

凉菜

炒菜

炖菜

蒸菜

煎炸

烤箱菜

荷兰豆拌腐竹

🍲 原料

荷兰豆100克，腐竹150克

🍲 调料

干辣椒4个，大葱1段，大蒜2瓣，生姜1块，花椒10粒，盐1/2茶匙，鸡精1/4茶匙，植物油1汤匙

🍲 做法

荷兰豆去筋、洗净，斜切成丝。

放入沸水中焯一下，捞出过凉水，沥干。

干腐竹用凉水泡发，斜切成丝。

干辣椒切丝，大蒜、生姜、大葱分别洗净，切成适当大小。

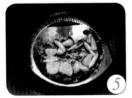

锅中加入植物油，放入花椒、葱、姜、蒜，小火炸香后捞出不用。

将腐竹丝和荷兰豆丝放入较大的容器中，再加入干辣椒丝。

撒上少许盐，淋上步骤5中的花椒油，最后加入少许鸡精，拌匀。

梓晴小贴士

荷兰豆一定要去除老筋，这样吃起来才更鲜嫩。干腐竹用凉水泡发才能保持筋道的口感。

蒜香剁椒黄瓜

原料

黄瓜2根

调料

大蒜2瓣，香葱1把，剁椒酱1茶匙，盐、橄榄油适量，生抽、香油少许

做法

1 黄瓜洗净去皮，放在案板上用刀拍一拍，切成小块。

2 香葱洗净切末。

3 大蒜去皮捣碎，淋入烧热的橄榄油，做成油泼蒜泥。

4 在切好的黄瓜中依次加入盐、油泼蒜泥、生抽、香油和剁椒酱。

5 拌匀，撒上香葱末即可食用。

梓晴小贴士

1. 做凉拌黄瓜时，用刀拍一拍黄瓜会让它更容易入味。
2. 蒜泥经过油泼，减少了辛辣味，突出了蒜香。
3. 橄榄油比较贵，可以用其他植物油替代。
4. 剁椒酱中已经有不少盐了，所以要酌情使用盐。

凉菜

炒菜

炖菜

蒸菜

煎炸

烤箱菜

老虎菜

🍴 原料

香菜100克，尖椒、红辣椒共200克，大葱1根

🍴 调料

陈醋2汤匙，盐1/2茶匙，鸡精1/4茶匙，香油1/4茶匙，植物油适量

🍴 做法

①

香菜洗净，切成小段。

②

辣椒洗净，切丝。

③

大葱洗净，葱白切段。

④

将切好的香菜、辣椒和大葱混合，加入盐和鸡精。

⑤

锅中加入适量植物油烧热，泼在蔬菜上。

⑥

将陈醋加热至沸腾后加入蔬菜中，再加入香油拌匀。

梓晴小贴士

1. 这道老虎菜中的大葱取用葱白部分，口感更好。
2. 陈醋放入锅中加热后口感更柔和。

凉拌豆芽

原料

绿豆芽250克

调料

干辣椒2个，蒜苗1根，大蒜2瓣，花椒10粒，香醋2汤匙，海鲜酱油1汤匙，白糖1茶匙，盐1/2茶匙，鸡精1/4茶匙，香油1/4茶匙,植物油适量

做法

豆芽洗净，放入沸水中焯一下，捞出过凉水，沥干。

大蒜去皮捣碎，蒜苗洗净切末，干辣椒切末，放入碗中。

锅中放入适量植物油，小火将花椒炸香，捞出花椒，将热油淋在步骤2中的调料上。

在淋了热油的调料中依次加入香醋、海鲜酱油、白糖、盐、鸡精、香油，拌匀，制成调味汁。

将调味汁淋在豆芽上，拌匀后装盘即可。

梓晴小贴士

1 用小火将花椒炸香，捞出花椒不要，制成的油就是花椒油。炒菜和做凉拌菜时都可以用它来增添风味。

2 如果没有海鲜酱油，用生抽也可以，但是不能用老抽，因为老抽颜色太深，会影响菜肴的外观。

凉菜

炒菜 炖菜 蒸菜 煎炸 烤箱菜

芹菜拌香干

原料

西芹1根，香干1块

调料

螺丝椒1个，干辣椒4个，花椒10粒，腊八醋2汤匙，海鲜酱油1汤匙，白糖1茶匙，盐1/2茶匙，鸡精1/4茶匙，香油1/4茶匙，植物油适量

做法

① 西芹去根，削去粗纤维，斜切成薄片。

② 香干洗去表面的酱汁，斜切成薄片。

③ 螺丝椒洗净切末，干辣椒切末。

④ 西芹片放入沸水中焯熟，捞出沥干。

⑤ 香干片放入沸水中焯熟，捞出沥干。

⑥ 将西芹片、香干片和螺丝椒末混合。

⑦ 锅中放入适量植物油，用小火将花椒炸香，捞出花椒，制成花椒油。

⑧ 将干辣椒末放在食材上，淋上热花椒油，依次加入剩下的调料，拌匀即可。

梓晴小贴士

1.腊八醋可以自制，如果没有，超市卖的蒜汁香醋也很不错。

2.螺丝椒比较辣，不用放太多，但最好不要省略，因为它很提味。

核桃芹菜拌木耳

🍲 原料

干木耳10克，西芹100克，核桃4颗

🍲 调料

大蒜5克，料酒1汤匙，生抽1汤匙，香醋2汤匙，蚝油1茶匙，香油1/4茶匙，鸡精1/4茶匙，植物油适量

🍲 做法

1

干木耳用温水泡发，去掉根蒂，撕成小朵。

2

西芹削去粗纤维，洗净后斜切成片。

3

西芹片放入沸水中焯1分钟。

4

捞出过凉水，沥干。

5

核桃去壳，核桃仁放入热水中浸泡一下，剥去外皮。

6

大蒜去皮，捣成泥，再淋入烧热的植物油，制成油泼蒜泥。

7

将油泼蒜泥、料酒、生抽、香醋、鸡精、香油和蚝油混合，制成调味汁。

8

将木耳、西芹片和核桃仁混合，淋上调味汁，拌匀即可。

◢ 梓晴小贴士 ▷

1. 核桃仁的外皮不易直接剥去，用热水浸泡一下就好了。
2. 核桃仁一定要剥去外皮，否则会比较苦涩。

香椿拌豆腐

🍲 原料

香椿100克，嫩豆腐200克

🍲 调料

盐1/2茶匙，鸡精1/4茶匙，香油1/4茶匙，水1汤匙

🍲 做法

香椿洗净，用剪刀剪掉根部。

放入沸水中焯至变色，捞出过凉水，沥干。

切碎后放入小碗中。

嫩豆腐切成适当大小的块，摆入盘中。

香椿末中加入盐、鸡精、香油和水，拌匀后撒在豆腐上。

梓晴小贴士

1. 香椿不宜焯太久，变色即可。
2. 一定要选用嫩豆腐，老豆腐的口感不好。

爽口野山椒笋条

🍲 **原料**

莴笋1根，胡萝卜1根

🍴 **调料**

野山椒1小瓶，朝天椒10个，花椒15粒，八角2个，桂皮2片，盐2茶匙，白糖2茶匙，白醋2茶匙，水100毫升

🍲 **做法**

① 莴笋洗净去皮，切条。

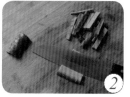

② 胡萝卜洗净去皮，切条。

③ 花椒、八角、桂皮、朝天椒放入小盆中，加水煮3~5分钟，晾凉备用。

④ 将切好的莴笋、胡萝卜和野山椒混合。

⑤ 依次加入晾凉的调料水、盐、白糖和白醋。

⑥ 拌匀后放入密封容器中，腌两天即可食用。

▶ **梓晴小贴士**

1. 用花椒、八角等煮成的调料水要先稍微晾凉，再和白醋混合，否则白醋的味道会大打折扣。

2. 一定要将密封容器放在阴凉的地方，夏天可以放在冰箱里。

凉菜

炒菜

炖菜

蒸菜

煎炸

烤箱菜

五香茶叶蛋

🍲 原料

鸡蛋4个，鹌鹑蛋15个

🍲 调料

生姜3片，大葱4段，花椒20粒，八角5个，桂皮6片，茶叶10克，酱油2汤匙

🍲 做法

①

鸡蛋和鹌鹑蛋放入锅中，加水没过表面，大火煮沸后转小火，再煮5分钟即可。

②

煮好的鸡蛋和鹌鹑蛋过凉水，去壳。

③

将除酱油外的所有调料用纱布包好。

④

酱油倒入小碗中备用。

⑤

去壳的鸡蛋和鹌鹑蛋、水、老抽以及调味包一起放入锅中。

⑥

大火煮沸后关火，焖2小时即可出锅。

梓晴小贴士

1. 煮好的鸡蛋和鹌鹑蛋过凉水后比较容易剥掉蛋壳。
2. 去壳的鸡蛋和鹌鹑蛋放入调料水中后不宜煮太久，煮沸后焖至入味即可。

酸辣泡椒虾

🍲 **原料**

鲜虾200克

🍲 **调料**

柠檬1个，泡椒1汤匙（含泡菜汁），朝天椒1个，生姜3片，盐2茶匙，白糖2茶匙，白醋1茶匙，鸡精1/4茶匙

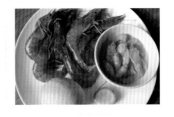

🍲 **做法**

鲜虾去头、去壳、去虾肠，但要保留虾尾。

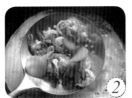

将虾仁和姜片放入沸水中煮约2分钟，待虾仁颜色变红后捞出。

柠檬洗净后剖成两半，一半切片，另一半挤出柠檬汁备用。

取一个大容器，放入虾仁，再加入泡椒、柠檬汁、朝天椒、白糖、白醋、盐和鸡精，加盖腌渍2小时。

将腌好的虾仁与柠檬片拌匀，放入盘中。

梓晴小贴士

1.草虾、基围虾等都可以用来做这道酸辣泡椒虾。

2.青柠檬和黄柠檬都可以用来做这道菜。

3.如果希望味道浓烈一些，可延长腌渍时间，这样酸辣的味道会更突出。

4.将挤柠檬汁后剩余的柠檬切碎，放在清水中浸泡1小时，然后将柠檬水过滤，用它来去除剥虾后手指上残留的腥味。

5.煮虾仁时加入姜片可以去除腥味。

凉菜

炒菜

炖菜

蒸菜

煎炸

烤箱菜

水晶肘子

🍲 原料

猪后肘1个（约1300克），肉皮500克

🍲 调料

大葱3段，生姜5片，八角3个，蒜茸5克，生抽45毫升，香醋30毫升，香油10毫升

🍲 做法

猪肘用清水冲洗干净，剔除中间的大骨头。

刮去猪肘表皮上的污物及猪毛。

猪肘放入锅中，加水没过猪肘，大火煮沸，浮起大量泡沫后捞出猪肘，用温水洗净。

刮去肉皮上的污物以及猪毛。

锅中再放入适量凉水，大火煮沸后放入肉皮，中火煮5分钟，取出沥干。

待肉皮稍凉，用刀去除内侧多余的脂肪。

用温水清洗干净，切成细丝。

猪肘、肉皮、大葱、生姜和八角放入高压锅，加水没过食材。开大火，上汽后转小火加热30分钟。

打开锅盖，捞出八角、生姜和大葱，撇去浮沫及浮油。

稍凉后将猪肘切成大块，连同肉皮丝和汤汁倒入较大的容器中。

晾凉后将容器放入冰箱冷藏，使汤汁凝固。

汤汁凝固后会有少许浮油堆积在容器四周，用小刀刮去浮油。

用小刀沿容器内壁划一周，加入少许凉开水，即可倒出水晶肘子。

生抽、香醋、香油和蒜蓉放入小碗中，制成调味汁。

将水晶肘子切成1cm厚的长方形薄片。

将调味汁淋在水晶肘子上，或者放入小碗中做蘸料。

梓晴小贴士

1. 用高压锅做这道菜方便快捷。你也可根据个人喜好，采用传统的隔水蒸制法。
2. 水晶肘子与纯粹的肉皮冻不同，其中猪肘所占的比例比肉皮冻大得多，所以切片时要加倍小心，以免水晶肘子破碎。

凉菜

炒菜

炖菜

蒸菜

煎炸

烤箱菜

麻酱金针肥牛

🍲 原料

肥牛肉片400克，金针菇200克

🍲 调料

大蒜20克，香菜末10克，芝麻酱2汤匙，凉开水2茶匙，海鲜酱油1茶匙，盐1/2茶匙，鸡精1/4茶匙，香油1/4茶匙，白芝麻1/4茶匙，橄榄油、辣椒油适量

🍲 做法

①锅中放入适量水煮沸，放入肥牛肉片焯烫至变色，捞出沥干。

②金针菇洗净，放入沸水中焯烫30秒，捞出沥干。

③大蒜去皮切末，淋上烧热的橄榄油，制成油泼蒜泥。

④芝麻酱中慢慢加入凉开水拌匀，再加入油泼蒜泥、酱油、辣椒油、香油和白芝麻拌匀。

⑤将焯烫好的肥牛肉片和金针菇混合均匀。

⑥加入步骤4中的调味汁、盐和鸡精，拌匀，撒上香菜末即可。

梓晴小贴士

1. 焯烫肥牛肉片的时间不宜过长，使其变色即可，否则牛肉会很老。
2. 芝麻酱用凉开水稀释后口感才会爽滑。要一点点地加入凉开水，直到芝麻酱的浓稠程度合适。

金枪鱼沙拉

🍲 原料

金枪鱼、圣女果各100克，甜豆荚、洋葱各50克，
熟玉米粒20克，熟鸡蛋1个，生菜30克，奶酪30克

🍲 调料

橄榄油2茶匙，沙拉酱2汤匙，柠檬汁1茶匙

🍲 做法

① 甜豆荚择去老筋，洗净，放入沸水中煮熟。

② 捞出过凉水，沥干后分别切成两半。

③ 圣女果洗净对半切开，洋葱切末，生菜洗净撕成小片，熟鸡蛋去壳后切成8瓣，奶酪切丁。

④ 将所有蔬菜混合均匀。

⑤ 加入橄榄油、沙拉酱和柠檬汁拌匀。

⑥ 再依次加入金枪鱼、奶酪和鸡蛋拌匀。

凉菜

炒菜

炖菜

蒸菜

煎炸

烤箱菜

梓晴小贴士

1. 这道沙拉的主角是金枪鱼，用超市中常见的金枪鱼罐头就可以了。

2. 可以根据自己的喜好选择蔬菜，以清甜、爽口的蔬菜为佳。

酱苦瓜

原料

苦瓜1根

调料

大蒜4瓣，朝天椒2个，生抽30毫升，白糖15克，盐适量，凉开水少许

做法

①

苦瓜洗净后切去头尾，对半剖开，去瓤去籽，切成1.5厘米宽、3厘米长的小块。

②

朝天椒洗净后斜切成圈，大蒜去皮后切末。

③

苦瓜块中加入盐和少许凉开水，拌匀。

④

盖上保鲜膜，放入冰箱冷藏8小时。

⑤

将生抽、白糖、朝天椒圈和蒜末混合均匀，制成调味汁。

⑥

从冰箱中取出苦瓜块，捞出沥干，加入调味汁拌匀。

⑦

置于阴凉干燥处，腌渍1天即可。

梓晴小贴士

1.苦瓜的瓜瓤较苦，如果怕苦可以尽量将瓜瓤去除干净。

2.苦瓜块不宜切得太大，否则不易入味。

3.可根据个人口味增减朝天椒的用量。

凉拌茼蒿

原料

茼蒿300克

调料

大蒜2瓣，香葱1根，干辣椒2个，生抽1汤匙，香醋2汤匙，白糖1茶匙，盐1/2茶匙，鸡精1/4茶匙，香油1/4茶匙

做法

① 茼蒿洗净，放入沸水中焯一下，捞出过凉水，沥干。

② 大蒜、香葱和干辣椒切末。

③ 将蒜末、香葱末、生抽、香醋、白糖、盐、鸡精、香油和干辣椒末混合均匀，制成调味汁。

④ 将茼蒿和调味汁拌匀即可。

梓晴小贴士

1.茼蒿放入沸水中焯烫至变软即可，不宜煮太久。
2.要想味道清淡一些，就不加干辣椒。

凉菜

炒菜

炖菜

蒸菜

煎炸

烤箱菜

凉拌苤蓝

原料

苤蓝1个

调料

香菜2根，白糖1茶匙，白醋2茶匙，植物油1汤匙，花椒20粒，香油1/4茶匙，盐1/2茶匙

做法

① 苤蓝去皮洗净，先切成薄片，再切成细丝。

② 在苤蓝丝中加入少许盐，抓匀。

③ 静置片刻，待苤蓝出水后沥干。

④ 香菜洗净切末，和苤蓝丝一起放入大碗中。

⑤ 锅中放入植物油，小火将花椒炸香。捞出花椒，花椒油就做好了。

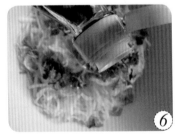

⑥ 在大碗中依次加入剩下的盐、白糖和白醋，再淋上花椒油和香油，拌匀即可。

梓晴小贴士

1.要想省事，可以直接将苤蓝擦成丝。

2.香菜可以为这道凉菜增色、增香，如果你不喜欢香菜，也可以不加。

Part **2**

炒菜

老干妈土豆块

原料
土豆2个

调料
香葱2根，香辣酱1汤匙，老干妈油辣椒1汤匙，植物油少许

做法

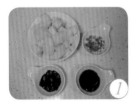

香葱洗净切末，土豆洗净去皮切小块。

锅中放入少许植物油，放入土豆块，煎至表面略微焦黄。

加入香辣酱和老干妈油辣椒，翻炒均匀，直至入味。

加入香葱末，翻炒均匀即可。

梓晴小贴士

1.切好的土豆块如果不马上下锅，最好放入水中浸泡以防变色。

2.这道菜中的土豆一定要煎一下，才会有外焦里嫩的口感。

3.香辣酱和油辣椒中都含有盐，如果你口味清淡，就不需要另外加盐了。

酸辣萝卜丁

🍲 原料

酸萝卜1/4个，白萝卜1/4个，肥瘦肉100克，尖椒1个

🍲 调料

朝天椒3个，大蒜3瓣，料酒1汤匙，老抽1/2茶匙，盐1/2茶匙，白糖1/2茶匙，香油1/4茶匙，植物油适量

🍲 做法

白萝卜洗净去皮，与酸萝卜一起切丁；尖椒洗净去籽切丁，朝天椒洗净切末，大蒜切末。

肥瘦肉洗净，剁成末。

锅中加入适量植物油，烧至七成热，放入肉末，翻炒至变色。

加入料酒和老抽，翻炒均匀，盛出备用。

锅中加入少许植物油烧热，加入蒜末和朝天椒末炒香。

依次加入酸萝卜丁和白萝卜丁，炒至入味。

最后加入炒好的肉末和尖椒丁，翻炒均匀。

加入盐和白糖调味，最后淋少许香油。

梓晴小贴士

1.同时使用酸萝卜和新鲜白萝卜可以使这道菜的味道更丰富。

2.为了省事，可以直接买绞好的肉末。

3.在这道菜中加尖椒和朝天椒是为了提味，如果你不能吃辣，也可以不加。

凉菜

炒菜

炖菜

蒸菜

煎炸

烤箱菜

霉干菜炒豆腐皮

油豆腐皮3张，霉干菜20克，肥瘦肉100克

调料

朝天椒3个，生姜10克，大蒜5克，香葱5克，生抽1茶匙，蚝油1茶匙，白糖1茶匙，酱油1汤匙，水35毫升，植物油适量

做法

油豆腐皮用凉水泡软。

霉干菜用凉水泡软，抓洗一下，沥干。

肥瘦肉洗净，剁成末。

油豆腐皮切宽条，朝天椒洗净切末，香葱、生姜、大蒜切末。

肉末中加入姜末、蒜末、酱油、蚝油和1茶匙水，拌匀。

锅中不放油，放入霉干菜炒香，盛出备用。

锅中加热适量植物油，再放入腌过的肉末，炒散，直至肉末变色。

加入朝天椒末，炒香。

加入油豆腐皮，翻炒2分钟左右。

加入霉干菜，继续翻炒。

将酱油、白糖与2汤匙水混合成调味汁，倒入锅中，炒至入味。

最后放入香葱末，翻炒均匀即可。

凉菜

炒菜

炖菜

蒸菜

煎炸

烤箱菜

梓晴小贴士

1. 豆腐皮分为油豆腐皮和鲜豆腐皮，此处使用的是油豆腐皮。如用鲜豆腐皮做这道菜，可省略步骤1。
2. 为了省事，可以直接买绞好的肉末。
3. 霉干菜要提前炒干，这样才能凸显它的鲜香。
4. 炒豆腐皮的时间不宜过长，加入调味汁后炒至入味即可。

白菜猪肉炒木耳

🍲 原料

猪肉150克，大白菜200克，干木耳5克

🍲 调料

红辣椒1个，大蒜2瓣，生姜5克，蛋白1个，料酒2茶匙，生抽1茶匙，水淀粉1汤匙，老干妈油辣椒1汤匙，盐1/2茶匙，白糖1/2茶匙，植物油适量

🍲 做法

猪肉洗净切薄片；大白菜的菜叶和菜帮分别切小段；红辣椒洗净切圈；大蒜切片，生姜切末。

干木耳用温水泡发，去除根蒂，撕成小朵。

在肉片中加入料酒、生抽、蛋白和少许盐，抓匀，腌10分钟。

锅中加入适量植物油，烧至三成热时放入肉片并用筷子拨散。

炒至肉片变白，加入老干妈油辣椒，炒出香味，盛出备用。

加热少许油，炒香姜末、蒜片和红辣椒圈。

放入白菜帮，翻炒至变软。

放入白菜叶，加入剩下的盐和白糖，炒至白菜叶变软。

放入木耳和炒好的肉片，翻炒均匀。

倒入水淀粉勾薄芡，装盘。

▷ 梓晴小贴士 ▶

1. 要将大白菜的菜叶和菜帮分开炒，这样将白菜帮炒熟的同时白菜叶不会过分软烂。
2. 猪肉一定要提前腌渍，才会嫩滑入味。

凉菜

炒菜

炖菜

蒸菜

煎炸

烤箱菜

酸豇豆排骨

☐ 原料

排骨300克，酸豇豆100克

☐ 调料

香芹2根，生姜10克，大蒜2瓣，干辣椒5个，香菜2根，植物油适量

☐ 做法

① 排骨洗净擦干切小段；香芹洗净切丁；生姜、大蒜去皮切末；香菜洗净切末；干辣椒切段。

② 大火烧热炒锅，将植物油烧至六成热（手掌置于油锅上方能感到明显热气）时，放入排骨。

③ 转小火炸5分钟后，用漏勺捞出排骨，沥干备用。

④ 锅中加入适量油，爆香姜末、蒜末和干辣椒段。

⑤ 放入酸豇豆和炸好的排骨，煸炒3分钟，直至排骨干香入味。

⑥ 最后加入香芹末和香菜末，翻炒均匀。

▷ 梓晴小贴士 ▷

1. 排骨洗净后要细心擦干表面，否则油炸的时候油会溅出来。
2. 要想将排骨炸透，就一定要用小火炸至表面金黄。
3. 香芹能够提味，所以尽量不要省略。

油醋香菇

原料

香菇120克

调料

大蒜15克，香菜1根，红酒醋2茶匙，盐1/2茶匙，黑胡椒粉2克，橄榄油适量

做法

① 香菇洗净，每朵切成4瓣。

② 大蒜、香菜洗净切末。

③ 烧热炒锅，加入橄榄油，爆香蒜末。

④ 加入香菇，大火翻炒1分钟。

⑤ 加入红酒醋和黑胡椒粉，翻炒均匀。

⑥ 加入香菜末和盐，迅速翻炒均匀即可。

梓晴小贴士

1. 橄榄油能烘托香菇原本的香味，可以用其他油替代。
2. 没有红酒醋的话，可以用大红浙醋或香醋代替，但用香醋时要减少用量。
3. 要挑选大小适中、菌盖紧密饱满的香菇。不要挑选太大的香菇，因为它们可能含有激素。

凉菜
炒菜
炖菜
蒸菜
煎炸
烤箱菜

苦瓜牛柳

原料

牛里脊肉200克，苦瓜120克，胡萝卜100克

调料

大蒜10克，生姜5克，豆豉20克，绍酒1汤匙，生抽2汤匙，白糖
1茶匙，水淀粉1汤匙，植物油适量

做法

牛里脊肉洗净，用厨房
纸巾吸干，剔去表面的
筋膜，再切成丝。

加入绍酒、生抽和白
糖，拌匀。

加入水淀粉拌匀，腌15
分钟。

苦瓜洗净剖开，去籽去
瓤，再斜切成0.5厘米
厚的薄片。

锅中加适量水，大火烧
沸，放入苦瓜片煮1分
钟，捞出过凉水。

胡萝卜削去外皮，切成
菱形薄片；生姜、大蒜
去皮切末。

锅中加油，中火烧至五
成热（手掌在油锅上方
能感到热气），加入肉
丝，快速滑炒至散开。

待肉丝表面完全变色，
快速捞出沥干。

锅中留底油，放入蒜末、
姜末和豆豉爆香。

放入胡萝卜片，煸炒至
略微变软。

最后放入苦瓜片和肉丝，
翻炒至入味即可。

凉菜
炒菜
炖菜
蒸菜
煎炸
烤箱菜

梓晴小贴士

1.牛肉表面的筋膜不易嚼烂，一定要提前剔除。

2.苦瓜瓤较苦，怕苦的话尽量将瓜瓤去除干净。

3.牛肉和苦瓜经过了预先处理，下锅后炒至入味即可；加热时间过长牛肉的口感不好。

云南黑三剁

☐ 原料

肥瘦肉300克，尖椒100克，玫瑰大头菜150克

☐ 调料

洋葱60克，生姜10克，朝天椒5个，料酒1汤匙，酱油1茶匙，云南甜酱油3汤匙，水淀粉1汤匙，香油1/4茶匙，植物油适量

🍲 做法

① 玫瑰大头菜洗净，剁成小丁。

② 肥瘦肉洗净剁成肉末；洋葱、尖椒、朝天椒切小丁；生姜去皮切末。

③ 锅中加入适量油，烧至五成热，放入肉末和姜末，翻炒至变色。

④ 加入料酒和酱油，炒匀后盛出备用。

⑤ 锅中加入少许油，倒入玫瑰大头菜，炒干后盛出备用。

⑥ 锅中再加入少许油，放入洋葱丁，煸炒至表面微焦。

⑦ 放入辣椒丁，炒出香味。

⑧ 再放入炒过的玫瑰大头菜和肉末，翻炒均匀。

⑨ 待所有食材入味，加入甜酱油，然后加入香油和水淀粉，翻炒均匀即可出锅。

梓晴小贴士

1. 玫瑰大头菜是这道菜的灵魂，用其他咸菜代替它会使这道菜的风味大打折扣。
2. 洋葱丁一定要煸炒至表面微黄才能凸显香味。
3. 这道菜中有玫瑰大头菜，还用了甜酱油增味和增色，所以不需要另外加盐。

凉菜

炒菜

炖菜

蒸菜

煎炸

烤箱菜

豆豉辣酱
炒空心菜

🍱 原料

空心菜250克，猪肉末100克

🍱 调料

红辣椒1个，大蒜15克，生姜10克，料酒1汤匙，酱油2茶匙，豆豉香辣酱1茶匙，鸡精1/4茶匙，植物油适量

🍱 做法

空心菜洗净，切成3～4厘米长的段。

红辣椒洗净切圈；生姜、大蒜去皮切末。

锅中加入适量油，烧至五成热，放入肉末、蒜末和姜末，炒散后加入料酒和酱油，炒至变色后盛出备用。

锅中加入适量油，放入空心菜翻炒片刻。

依次加入豆豉香辣酱、红辣椒圈、肉末和鸡精，翻炒均匀。

梓晴小贴士

1. 豆豉香辣酱本身就有咸味，所以要酌情添加盐。
2. 加入红辣椒主要是为了增色，你也可以选择不辣的红色彩椒。

孜然牛肉粒

🍲 原料

牛肉200克，杭椒、红辣椒共100克

🍲 调料

洋葱60克，生姜5克，红烧酱油1茶匙，盐1/2茶匙，孜然粉1茶匙，料酒1汤匙，水淀粉1汤匙，蚝油2茶匙，香油1/4茶匙，孜然粒、辣椒粉、白芝麻、植物油适量

🍲 做法

① 牛肉洗净切小丁。

② 牛肉丁中加入料酒、盐、红烧酱油、1/2茶匙孜然粉、水淀粉、蚝油和香油，拌匀，腌20分钟。

③ 杭椒和红辣椒洗净切圈，洋葱切小丁，生姜去皮切片。

④ 锅中加入适量油，烧至五成热，放入腌好的牛肉丁，翻炒至变色，盛出备用。

⑤ 锅中加入少许油，放入洋葱丁和生姜片，炒至微微焦黄。

⑥ 放入辣椒圈，炒出香味。

⑦ 依次放入牛肉、剩下的孜然粉、孜然粒、辣椒粉和白芝麻，翻炒均匀。

梓晴小贴士

1. 炒牛肉的时间不宜过长，提前腌渍的话牛肉更好吃。
2. 孜然分为孜然粉和孜然粒，做这道菜时用孜然粉腌肉会使肉更入味，最后同时使用孜然粉和孜然粒可以使这道菜的味道更有层次。

凉菜
炒菜
炖菜
蒸菜
煎炸
烤箱菜

虎皮尖椒

原料

尖椒8个

调料

大蒜10克，酱油1茶匙，香醋1汤匙，白糖2茶匙，盐1/2茶匙，植物油适量

做法

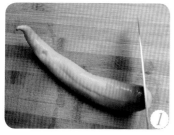

尖椒洗净，擦干，切掉蒂部。

用筷子或小刀掏出辣椒籽。

大蒜去皮，切成细末。

将酱油、香醋、白糖和盐放在小碗中混合，制成调味汁。

平底锅中放油，中火烧至四成热，将尖椒摆放在锅中。

不时翻面并用锅铲轻按，将尖椒煎至表皮起皱，盛出备用。

中火加热炒锅，加入少许油，烧至四成热时放入蒜末，煸炒出香味。

倒入调味汁，不断翻炒，直至沸腾。

放入煎过的尖椒，待汤汁浓稠后盛入盘中。

梓晴小贴士

1. 做虎皮尖椒一般使用尖椒，如果不怕辣，你也可以使用螺丝椒。
2. 用筷子或者小刀掏辣椒籽可以使尖椒保持完整的外形。
3. 尖椒一定要煎至表面起皱，这样才能做出名副其实的虎皮尖椒。

凉菜
炒菜
炖菜
蒸菜
煎炸
烤箱菜

胡萝卜丝炒蒜苗

🍲 **原料**

胡萝卜300克，肥瘦肉100克，蒜苗1根

🍲 **调料**

酸咸菜60克，生姜5克，料酒1汤匙，老抽1/2茶匙，生抽1茶匙，盐1/2茶匙，植物油适量

🍲 **做法**

① 胡萝卜洗净去皮，擦成细丝。

② 肥瘦肉剁成肉末。

③ 生姜洗净去皮切末，酸咸菜切小丁，蒜苗洗净切末。

④ 锅中加入少许油，烧至五成热，放入肉末和姜末，炒至肉末变白。

⑤ 依次加入料酒和老抽，翻炒均匀后盛出备用。

⑥ 锅中加入适量油，放入胡萝卜丝翻炒片刻。

⑦ 加入生抽和盐调味。

⑧ 再放入肉末、酸咸菜丁和蒜苗末，翻炒均匀即可出锅。

梓晴小贴士 ▶

1. 胡萝卜既可以擦成丝，也可以切成丝。

2. 炒胡萝卜丝本来是一道家常小菜，但加入少许酸咸菜后，它的味道瞬间变得与众不同。

3. 加入蒜苗后不可炒太长时间，否则蒜苗会变黄。翻炒均匀即可。

XO酱
炒年糕

原料

年糕200克，冬笋100克

调料

香芹15克，李锦记番茄酱10克，
蒜蓉辣椒酱15克，XO酱15克，
盐、植物油适量

做法

① 年糕切片。

② 放入沸水中煮2分钟，捞出沥干。

③ 冬笋洗净切片，香芹洗净切末；将番茄酱、蒜蓉辣椒酱和XO酱放在小碗中，制成调味汁。

④ 大火将锅中的油烧至七成热，放入冬笋片翻炒片刻。

⑤ 加入调味汁翻炒均匀。

⑥ 放入年糕片，加入盐，翻炒均匀。

⑦ 出锅前撒上香芹丁，翻炒均匀。

梓晴小贴士

1.年糕切成片更容易入味，也可以买现成的切片年糕。

2.年糕最好煮2分钟再炒，这样口感更软糯。

凉菜
炒菜
炖菜
蒸菜
煎炸
烤箱菜

腊肠炒年糕

原料

年糕200克，腊肠60克，油菜80克

调料

朝天椒2个，大蒜2瓣，海鲜酱油2茶匙，蚝油2茶匙，植物油适量

做法

1. 年糕切片，放入沸水中焯烫，捞出沥干。

2. 油菜洗净，放入沸水中焯烫，捞出沥干。

3. 腊肠蒸熟，切片。

4. 大蒜切末，朝天椒切圈。

5. 锅中加入适量油，爆香蒜末和朝天椒圈。

6. 放入年糕片，翻炒均匀。

7. 加入海鲜酱油调味。

8. 放入腊肠片翻炒。

9. 放入油菜翻炒，最后加入蚝油，翻炒均匀。

梓晴小贴士

1. 年糕切成片更容易入味，也可以买现成的切片年糕。
2. 年糕最好煮2分钟再炒，这样口感更软糯。
3. 油菜需要提前处理，焯烫或者略微炒一下都可以。

凉菜

炒菜

炖菜

蒸菜

煎炸

烤焗菜

沙茶小炒

🍲 原料

五花肉100克，鱼丸150克，豆腐干4～5块

🍲 调料

海米30克，红辣椒2个，蒜苗1根，水3汤匙，生抽1茶匙，白糖1/2茶匙，沙茶酱2汤匙

🍲 做法

①

②

③

④

五花肉切小片，海米用温水泡发后洗净，鱼丸、豆腐干、红辣椒切丁，蒜苗切末。

干净的锅烧热，放入五花肉片，煸炒出油后捞出备用。

在油锅中放入豆腐干丁，煸炒至略微焦黄。

放入海米，炒出香味。

⑤

⑥

⑦

放入鱼丸丁、红辣椒丁和五花肉片翻炒均匀。

沿锅边加水以使食材的味道融合，再加入生抽、白糖和沙茶酱炒匀。

最后撒上蒜苗末炒匀。

◤ 梓晴小贴士 ▶

1.五花肉一定要煸炒出油，这样才香而不腻。

2.把沙茶酱换成咖喱酱，就可以做出可口的咖喱小炒。

3.如果你不吃辣，可以不用红辣椒。最好不要省略提味用的蒜苗。

萝卜干
腊肠炒茭白

🍲 原料

茭白3个，腊肠80克，萝卜干60克

🍲 调料

大蒜10克，香葱5克，剁椒酱1汤匙，生抽2茶匙，蚝油2茶匙，植物油适量

🍲 做法

茭白洗净去皮，切片。

腊肠放入蒸锅蒸20分钟，取出切片。

大蒜、香葱洗净切末。

萝卜干切小丁。

锅中加入适量油，油热后炒香蒜末和剁椒酱。

放入茭白片翻炒片刻。

加入生抽后依次放入腊肠片和萝卜干丁翻炒。

最后加入蚝油和葱末，翻炒均匀。

凉菜

炒菜

炖菜

蒸菜

煎炸

烤箱菜

▶ 梓晴小贴士 ▶

1. 茭白因其丰富的营养而被誉为"水中参"，夏季食用尤为适宜。
2. 茭白本身没有特殊的味道，单独炒会略显干涩，配肉类炒更好吃。用肉丝代替腊肠的话，这道菜同样好吃。

雪菜毛豆

🍲 原料

腌雪菜150克，毛豆200克，肥瘦肉60克

🍲 调料

生姜10克，干辣椒3个，红烧酱油1茶匙，白酒1茶匙，盐1/2茶匙，白糖1/2茶匙，植物油适量

🍲 做法

毛豆去壳。

放入沸水中煮5分钟，捞出沥干。

肥瘦肉分别切小丁。

生姜、干辣椒切末。

腌雪菜切末。

锅中不放油，放入肥肉丁，煸炒至出油。

放入瘦肉丁炒至变色。

依次加入白酒和红烧酱油，翻炒均匀后盛出。

锅中加入适量油烧热，放入干辣椒末和姜末，炒出香味。

放入腌雪菜末翻炒片刻。

放入肉丁和毛豆，翻炒均匀。

加入盐和白糖，炒至入味即可。

凉菜
炒菜
炖菜
蒸菜
煎炸
烤箱菜

◣ 梓晴小贴士 ▶

1. 煮毛豆的水中放少许盐和几滴色拉油，可以使毛豆保持翠绿。
2. 可用料酒代替白酒，用老抽代替红烧酱油。
3. 毛豆提前煮熟了，所以之后不需炒太长时间。如果直接炒生毛豆，则需在锅中加少许水焖5分钟，直至毛豆熟透。

053

苍蝇头

🍲 原料

韭菜薹300克，猪肉末200克

🍲 调料

朝天椒2个，生姜2片，大蒜3瓣，生抽3茶匙，白酒1汤匙，白糖1茶匙，豆豉20克，植物油适量

🍲 做法

韭菜薹洗净，去掉老根和韭菜花，切成0.5厘米长的丁。

朝天椒洗净切末，生姜切末，大蒜拍碎切末。

炒锅加热，倒入油，烧至六成热后加入肉末，快速炒散。

待肉末变色，加入白酒翻炒片刻。

加入生抽和白糖，翻炒均匀后盛出备用。

大火加热炒锅中的油至四成热，放入蒜末、姜末、朝天椒末和豆豉，煸炒出香味。

放入韭菜薹丁，翻炒至微微变色。

放入炒好的肉末，翻炒均匀即可出锅。

梓晴小贴士

1.这道菜的主要食材是韭菜薹，它口感脆嫩，香气浓郁。

2.如果没有韭菜薹，可以用蒜薹代替，效果也不错。

农家小炒肉

🍲 原料

五花肉150克，尖椒、红辣椒共100克，香芹80克

🍲 调料

香葱15克，生姜10克，大蒜10克，蒜苗2根，干辣椒10个，花椒15粒，八角2个，黄豆酱2茶匙，豆豉2茶匙，老干妈香辣酱1汤匙

🍲 做法

五花肉洗净切薄片，香芹洗净切段，辣椒切丝，干辣椒、香葱、蒜苗切段，生姜、大蒜切小片。

干净的锅中放入五花肉片，中火煸炒至略微焦黄，盛出备用。

利用锅中剩下的油，小火将花椒、八角炸出香味，捞出不用。

放入葱段、干辣椒段、姜片和蒜片，大火炒出香味。

放入黄豆酱、豆豉和老干妈香辣酱，炒出香味。

依次放入肉片、辣椒丝和香芹段，翻炒入味。

最后放入蒜苗段，略微翻炒即可。

梓晴小贴士

1. 五花肉本身含有较多油脂，因此不用另外加油。
2. 黄豆酱和豆豉都有咸味，加盐的话一定要酌情添加。

凉菜

炒菜

炖菜

蒸菜

煎炸

烤箱菜

竹桶土豆片

🍲 原料

土豆200克，猪肉片100克，面筋100克，尖椒50克

🍲 调料

大葱10克，生姜5克，大蒜10克，料酒1汤匙，酱油2茶匙，蚝油1茶匙，水2汤匙，淀粉1/3茶匙，盐1/2茶匙，植物油适量

🍲 做法

1. 土豆洗净去皮切片，置于凉水中备用。

2. 面筋切片；大葱、生姜、大蒜切小片；尖椒切片。

3. 肉片中加入料酒、1茶匙酱油、淀粉和姜片拌匀备用。

4. 锅中加入适量油，烧至五成热，放入肉片炒散至变色，盛出备用。

5. 锅中加入适量油，爆香大葱片和蒜片。

6. 然后放入沥干的土豆片，翻炒均匀后加入剩下的酱油上色。

7. 再加入面筋片、水和盐，烧至土豆片变软。

8. 依次加入肉片、尖椒和蚝油，翻炒入味即可出锅。

梓晴小贴士

1. 土豆切片后放在水中可以避免氧化变色。

2. 没有竹桶的话，可以将菜盛在砂锅中或者铁板上保温。即使没有这些容器，将菜盛在盘子中也不错。

口蘑扒菜心

原料

菜心300克，口蘑150克

调料

大蒜10克，XO酱1汤匙，李锦记涮涮特辣酱1汤匙，蚝油1茶匙，淀粉1/2茶匙，水2汤匙，植物油、香油少许

做法

① 口蘑洗净，切小块。

② 菜心洗净，放入沸水中焯30秒，捞出过凉水，沥干备用。

③ 大蒜去皮切末。

④ 将XO酱、涮涮特辣酱、蚝油、淀粉和水混合，制成调味汁。

⑤ 锅中放入少许植物油，爆香蒜末。

⑥ 放入口蘑块，炒至变软。

⑦ 加入调味汁，煮至浓稠后淋入少许香油。

⑧ 将菜心摆盘，淋上炒好的口蘑和汤汁即可。

凉菜
炒菜
炖菜
蒸菜
煎炸
烤箱菜

梓晴小贴士

1. 如果没有菜心，可以用油菜或者芦笋代替。
2. 焯烫菜心时一定要在沸水中加少许盐，而且焯烫时间不宜过长，捞出后还要过凉水，这样才能保持其翠绿的颜色。

喷香鸡肉串

原料

带皮鸡腿2个

调料

姜片10克，盐1/2茶匙，黑胡椒汁2汤匙，海鲜酱油1茶匙，白糖1茶匙，蚝油1汤匙，凉开水2汤匙，黑胡椒粉、料酒少许

做法

鸡腿去骨。

去筋。

用刀背拍打松软。

切成小块。

在切好的鸡肉块中加入黑胡椒粉、盐和料酒，再加入姜片，拌匀后腌渍片刻。

取小碗，依次加入黑胡椒汁、海鲜酱油、白糖、蚝油和凉开水拌匀，制成调味汁。

将腌好的鸡肉块穿在牙签上。

干净的锅烧热，放入鸡肉串。

小火煎至金黄色。

加入调味汁，大火煮沸。

收汁后即可装盘。

凉菜

炒菜

炖菜

蒸菜

煎炸

烤箱菜

梓晴小贴士

1. 可以用鸡翅根来做这道菜，翅根也要带皮，这样才能煎出油来。
2. 可以根据自己的喜好制作调味汁，比如加入海鲜酱或者芥末酱等。

虾仁西蓝花

🍲 原料

鲜虾150克，西蓝花200克

🍲 调料

大蒜5克，高汤2汤匙，料酒2茶匙，淀粉2/3茶匙，盐1茶匙，植物油适量

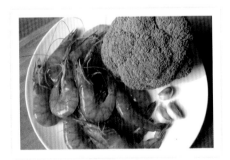

做法

① 大蒜切末。鲜虾去头、去壳、去虾肠。

② 将虾仁切成小段。

③ 在虾仁中加入料酒、1/3茶匙淀粉和1/2茶匙盐，拌匀。

④ 腌虾仁的同时加热高汤，并用剩下的淀粉调成水淀粉。

⑤ 西蓝花分成小朵，放入淡盐水中浸泡、揉搓并冲洗干净。

⑥ 放入沸水中焯一下，捞出沥干。

⑦ 锅中加入适量油，爆香蒜末。

⑧ 放入腌好的虾仁，翻炒至变色。

⑨ 依次加入西蓝花、剩下的盐、高汤和水淀粉，翻炒均匀即可。

梓晴小贴士

1. 西蓝花中易藏小虫和杂物，所以要用淡盐水浸泡一段时间，然后揉搓并冲洗干净。
2. 要使焯烫过的西蓝花保持翠绿，一要在沸水中加盐，二要保证焯烫时间不太长，三要在捞出后过凉水。
3. 西蓝花下锅后不能炒太长时间，不然既容易失去脆嫩的口感，又会导致所含的营养大量流失。
4. 有些人的皮肤受到碰撞容易变得青紫，这是体内缺乏维生素K的缘故，而西蓝花富含维生素K，很适合这类人食用。身体生疮、阴虚火旺者不宜吃虾。
5. 虾仁炒至变色即可，炒久了会变老。

凉菜

炒菜

炖菜

蒸菜

煎炸

烤箱菜

豉汁双椒鱿鱼

🍲 原料

新鲜鱿鱼1条，尖椒50克，
红辣椒30克

🍲 调料

大蒜15克，生姜5克，大葱10
克，料酒1汤匙，海鲜酱油2茶
匙，豆豉香辣酱2汤匙，蚝油1茶
匙，水淀粉1汤匙，植物油适量

🍲 做法

新鲜鱿鱼去除软骨、墨
囊、眼睛、嘴和外膜，
洗净备用。

鱿鱼内侧朝上，用斜刀
法深切至3/4处。

鱿鱼旋转45°，用斜刀
法深切至3/4处，使其
表面呈网格状。

然后用直刀法切成长
方块。

鱿鱼须斜切成段。

将鱿鱼块和鱿鱼须放入
沸水中焯一下，肉片卷
起后立即捞出。

过凉水，沥干备用。

尖椒和红辣椒切片，大
葱切段，生姜切片，大
蒜切末。

锅中加入适量油，爆香
葱段、姜片和蒜末。

放入辣椒片和鱿鱼，翻
炒均匀。

依次加入料酒、海鲜酱
油、豆豉香辣酱、蚝油
和水淀粉，翻炒均匀即
可出锅。

梓晴小贴士

1. 鱿鱼好吃，但处理起来比较麻烦，特别是要切花刀。处理干净的鱿鱼也可以直接切成丝，只不
过造型不同。

2. 切好花刀的鱿鱼块经过焯烫才会变成好看的鱿鱼卷。焯烫时间不宜过长，否则鱿鱼会变老。

3. 要想省事，可以在超市的冷冻食品区买处理好的鱿鱼卷。

凉菜 **炒菜** 炖菜 蒸菜 煎炸 烤箱菜

酱爆鸡丁

原料

鸡脯肉250克，黄瓜80克，马蹄（荸荠）50克，花生米50克

调料

豆豉辣酱1茶匙，大酱1茶匙，植物油、盐、水淀粉适量

做法

① 鸡脯肉洗净切丁，装入碗中。

② 加入盐和淀粉，拌匀后腌渍片刻。

③ 黄瓜洗净切丁，马蹄去皮洗净切丁，花生米炸好备用。

④ 锅中加入适量油，烧至五成热，放入鸡丁翻炒至变色，盛出备用。

⑤ 锅中再加入适量油，放入豆豉辣酱和大酱，小火炒香。

⑥ 加入鸡丁翻炒均匀。

⑦ 依次加入黄瓜丁、马蹄丁和花生米，翻炒均匀。

⑧ 最后加入水淀粉勾芡。

梓晴小贴士

1. 如果不怕麻烦，可以用剔除骨头的鸡腿代替鸡脯肉。
2. 黄瓜和马蹄都可以生吃，不需要炒很长时间，否则会失去爽脆的口感。
3. 花生米可以用腰果或者其他坚果代替。

虾仁炒鸡蛋

原料

鲜虾200克，鸡蛋2个

调料

香葱2根，料酒1汤匙，生抽1茶匙，淀粉1/2茶匙，姜粉1/4茶匙，白胡椒粉1/4茶匙，盐、植物油适量

做法

①

鲜虾去头、去壳、去虾肠备用。

②

在剥好的虾仁中加入1/2茶匙盐、料酒、姜粉、白胡椒粉、淀粉和生抽，拌匀后腌渍片刻。

③

香葱洗净切末。

④

鸡蛋打散，加入少许盐，搅拌均匀。

⑤

锅中加入适量油，倒入蛋液炒散，盛出备用。

⑥

锅中再加入适量油，烧至六成热，放入腌好的虾仁，炒至变色。

⑦

加入香葱末和炒好的鸡蛋，翻炒均匀即可。

凉菜

炒菜

炖菜

蒸菜

煎炸

烤箱菜

梓晴小贴士

1. 可以买鲜虾来剥出虾仁，怕麻烦的话也可以去超市买冷冻的虾仁，但其口感会稍显逊色。
2. 炒虾仁的时间不宜过长，炒至虾仁变色即可。

梅菜肉酱爆虾仁

🍲 原料

鲜虾300克，西蓝花100克

🍲 调料

洋葱50克，生姜10克，大蒜15克，料酒1汤匙，生抽1茶匙，梅菜肉酱2汤匙，白胡椒粉1/4茶匙，姜粉1/4茶匙，盐、淀粉、植物油适量

🍲 做法

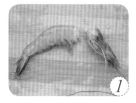

鲜虾洗净去头。

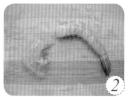

去壳，但保留尾部的壳。

用牙签挑去虾肠。

在虾背切一刀，注意不要切断。

在虾仁中依次加入1/4茶匙盐、料酒、白胡椒粉、姜粉和1/2茶匙淀粉，拌匀后腌渍片刻。

西蓝花分成小朵，放入淡盐水中反复揉搓后清洗干净。

放入沸水中焯一下，捞出，摆盘备用。

洋葱、生姜、大蒜洗净切末。调出15毫升水淀粉。

锅中加入适量油，烧至六成热，放入洋葱末、生姜末和蒜末，炒出香味。

放入腌好的虾仁，翻炒至变红。

依次加入生抽、梅菜肉酱和水淀粉，翻炒均匀即可。

凉菜

炒菜

炖菜

蒸菜

煎炸

烤焗菜

梓晴小贴士

1. 在虾背切一刀但不要切断，这样虾仁更容易入味。
2. 生抽和梅菜肉酱都是咸的，所以要酌情添加盐，以免菜太咸。

肉末炒丝瓜

原料

丝瓜2根，肉末60克，干木耳5克

调料

生姜5克，大葱10克，料酒1汤匙，生抽1茶匙，水淀粉1汤匙，盐1/2茶匙，鸡精1/4茶匙，植物油适量

做法

丝瓜洗净，削去外皮，切厚片。

干木耳用温水泡发，去根蒂后撕成小朵。

生姜去皮切末，与肉末放在一起。

大葱洗净切段。

锅中加入适量油，油热后加入肉末、姜末和大葱段，炒散肉末，直至变色。

然后依次加入料酒和生抽，炒匀。

再放入丝瓜片和木耳，炒至丝瓜变软。

加入盐和鸡精，用水淀粉勾芡后翻炒均匀，即可装盘。

梓晴小贴士

1.丝瓜片要略微切得厚一些，否则稍微加热就会变得软烂。

2.丝瓜很有营养，就算不加肉末，只加蒜蓉清炒也很好吃，做汤也不错。

泡菜炒肉丝

🍲 原料

猪里脊肉150克，泡菜200克，尖椒1个

🍲 调料

干辣椒5个，盐1/2茶匙，料酒1茶匙，姜粉1克，白胡椒粉1克，淀粉2克，红烧酱油2茶匙，糖、鸡精少许，植物油适量

🍲 做法

猪里脊肉切丝。

加入盐、料酒、姜粉、白胡椒粉和淀粉，拌匀后腌渍片刻。

泡菜切丝，尖椒和干辣椒切段。

锅中加入适量油，烧至五成热，放入肉丝炒至变色。

加入红烧酱油，翻炒均匀。

放入泡菜丝和辣椒酱翻炒均匀，最后加入少许糖和鸡精。

凉菜

炒菜

炖菜

蒸菜

煎炸

烤箱菜

梓晴小贴士

1.猪里脊肉可以用鸡脯肉代替。
2.泡菜有咸味，如果觉得菜的味道淡，可酌情加入少许盐。

培根炒尖椒

🍲 原料

培根200克，尖椒150克

🍲 调料

豉油鸡汁1茶匙，蚝油1茶匙，植物油适量

🍲 做法

① 尖椒洗净，纵向剖成两半，去籽去筋，切成适当大小的片。

② 培根切成适当大小的片。

③ 干净的锅烧热，放入培根片，煎至略微焦黄，盛出备用。

④ 锅中加入适量油，放入尖椒片，炒出香味。

⑤ 放入煎好的培根片，翻炒均匀。

⑥ 最后加入豉油鸡汁和蚝油，翻炒均匀。

梓晴小贴士

1.培根放入干净的锅中煎至焦黄出油，这样就会香而不腻。

2.如果没有培根，可以用腊肉或者五花肉代替。

铁板土豆片

原料

土豆400克

调料

干辣椒6个，大葱10克，料酒1汤匙，老抽1/2茶匙，豉油鸡汁1茶匙，水淀粉1汤匙，盐1/2茶匙，植物油适量

做法

大葱切段。土豆洗净、去皮、切片。

放入凉水中备用。

锅中放入少许油，将沥干的土豆片煎至表面金黄，盛出备用。

锅中放入少许油，炒香干辣椒和大葱段。

放入土豆片，翻炒均匀。

加入盐、料酒、老抽和豉油鸡汁，炒至入味。

最后加入水淀粉，翻炒均匀。

凉菜

炒菜

炖菜

蒸菜

煎炸

烤箱菜

▷ 梓晴小贴士 ▷

1. 切好的土豆片放入凉水中浸泡可以防止变色。
2. 将做好的土豆片盛在加热过的铁板上可以保温，吃起来口感特别棒。

三鲜豆腐

原料

嫩豆腐250克，番茄80克，干木耳5克，香菇20克，青菜50克，鸡蛋1个

调料

香葱2根，番茄酱1汤匙，水淀粉1汤匙，生抽1茶匙，盐1/2茶匙，植物油适量

做法

1 嫩豆腐洗净切方块；干木耳泡发洗净，去除根蒂，撕成适当大小。

2 番茄去皮切块；香菇洗净切片；青菜切小段；香葱切末。

3 鸡蛋打散，加入盐拌匀。

4 锅中加入适量油，油热后倒入蛋液，炒散盛出。

5 锅中再加入适量油，爆香葱末。

6 放入番茄块和番茄酱，炒至番茄块变软。

7 再放入豆腐块翻炒均匀，加入适量水炖煮。

8 然后依次加入木耳、香菇片和青菜段，翻炒均匀。

9 最后加入鸡蛋、生抽和水淀粉，翻炒均匀。

梓晴小贴士

1. 这道菜使用的是嫩豆腐，因而口感十分嫩滑。
2. 番茄一定要炒出汁才好吃。
3. 嫩豆腐放入锅中后要尽量少翻动，这样才能保持形状完整。

凉菜

炒菜

炖菜

蒸菜

煎炸

烤箱菜

酸菜嫩滑牛肉

🍲 **原料**

牛里脊肉200克，
酸菜100克

🍲 **调料**

红辣椒1个，大蒜3瓣，植物油适量
腌料：料酒1茶匙，酱油2茶匙，蚝油1茶
匙，老姜2片，色拉油1汤匙，干淀粉2茶匙
调味汁：蚝油1汤匙，干淀粉2茶匙，生抽2
茶匙，白糖1茶匙

🍲 **做法**

牛里脊肉洗净，垂直于
纹路切成小片。

牛肉片装入大碗中，少
量多次地加入分量约为
牛肉的1/3的水，用筷
子朝一个方向搅打，直至
牛肉片不再吸收水分。

搅打好的牛肉片中加入
腌料，拌匀后腌15分钟。

将制作调味汁的调料放
入小碗中拌匀，备用。

酸菜切去叶子留下茎，
洗净后沥干，切成丝。

红辣椒洗净去籽，切成
小丁；大蒜拍碎，剁成
蒜蓉。

干净的锅烧热，放入酸
菜，炒干后盛出备用。

锅中放入1汤匙油，中
火烧至七成热，倒入腌
好的牛肉片滑炒。

待牛肉片稍微变色后迅
速盛出，备用。

锅里留底油，倒入红辣
椒丁和蒜蓉炒香。

倒入酸菜丝，翻炒均匀。

倒入滑好的牛肉片，稍
微翻炒几下即可。

▶ **梓晴小贴士**

1. 牛里脊肉的纹理较细，切出的肉片很小，所以不用再切丝。如果牛肉纹理较粗，就要先垂直于
纹路切片，再切成丝。
2. 搅打牛肉要朝着一个方向，水要分次加入，直至牛肉不再吸水。
3. 要想省事的话，可以用酸菜鱼调料包里配好的酸菜，使用前需反复淘洗。

凉菜
炒菜
炖菜
蒸菜
煎炸
烤箱菜

酱香炒田螺

🍲 原料

田螺300克

🍲 调料

生姜3片，香葱1根，红辣椒1个，八角2个，甜面酱2汤匙，酱油2茶匙，植物油适量

🍲 做法

①

香葱切末，红辣椒切丝。田螺洗净，剪去螺壳尾端或去掉螺盖。

②

锅中加入适量油烧热，放入八角和姜片，炒出香味。

③

放入甜面酱和酱油炒香。

④

放入田螺，翻炒2分钟后加入适量水，焖煮15分钟。

⑤

最后加入红辣椒丝，翻炒均匀装盘，撒上香葱末点缀。

◤ 梓晴小贴士

1.将买回来的田螺放入盆中，滴几滴大豆油，用清水养两天，这样能让田螺吐净泥沙。

2.剪去螺壳尾端或去掉螺盖不但利于食用时吸出螺肉，还利于烹调入味。

虎皮鹌鹑蛋

原料

鹌鹑蛋20个，肥瘦肉50克，干木耳10克，尖椒1个

调料

大蒜1瓣，生姜5克，料酒1茶匙，生抽1茶匙，盐1/2茶匙，蚝油1茶匙，植物油适量

做法

鹌鹑蛋放入小锅中，加凉水没过鹌鹑蛋，煮沸后继续煮5分钟。

捞出鹌鹑蛋并放入凉水中，剥去蛋壳，沥干备用。

锅中倒足量油，烧至七成热后放入鹌鹑蛋，炸至表面金黄后捞出沥干。

干木耳用温水泡发，去蒂后撕成小朵；尖椒洗净去籽切块；生姜、大蒜和肥瘦肉一起剁成末。

锅中加入适量油，放入肉末炒散，然后加入料酒和生抽，炒至肉末变色。

依次加入木耳、尖椒和鹌鹑蛋，略微翻炒后加入盐和蚝油，炒匀即可。

梓晴小贴士 ▶

1. 煮好的鹌鹑蛋先过凉水，然后将圆的那一端稍稍磕破，就很容易剥掉蛋壳了。
2. 鹌鹑蛋油炸之前要沥干，以免在油炸过程中溅出油来。调味时可依个人口味酌情添加盐和蚝油。

凉菜
炒菜
炖菜
蒸菜
煎炸
烤箱菜

腊肉尖椒
炒洋葱

🍲 原料

腊肉150克，尖椒、红辣椒共100克，洋葱100克

🍲 调料

生抽2茶匙，香油1/4茶匙，植物油适量

🍲 做法

腊肉用热水清洗干净，上锅蒸20分钟，然后取出切薄片。

尖椒和红辣椒洗净去籽切丝。

洋葱洗净切丝。

锅中加入适量油烧热，放入洋葱丝炒香。

放入腊肉片，炒至洋葱几乎变透明。

加入辣椒丝翻炒。

依次加入生抽和香油，翻炒均匀即可。

梓晴小贴士

1.腊肉需要先清洗干净再蒸熟，这样吃起来才香醇可口。

2.要想更辣一些，可以用螺丝椒代替尖椒。

Part 3

炖菜

红烧豆腐皮饺子

原料

豆腐皮1张，肥瘦肉200克

调料

生姜10克，大蒜10克，鸡蛋1个，水4汤匙，生抽1茶匙，饺子馅调料1/2茶匙，香油1/4茶匙，海鲜酱油2茶匙，蚝油1茶匙，白糖1/2茶匙，盐1/2茶匙，植物油适量

做法

鸡蛋打散。肥瘦肉洗净，剁成肉末。

生姜、大蒜切末，加在肉末中。

加入盐、生抽、饺子馅调料、香油和2汤匙水拌匀，制成肉馅。

豆腐皮切成适当大小，然后在一张豆腐皮上放适量肉馅。

如图将相对的两个角用蛋液黏合，制成豆腐皮饺子。

将包好的豆腐皮饺子封口朝下摆放整齐。

海鲜酱油、蚝油、白糖和2汤匙水调匀，制成调味汁。

将豆腐皮饺子放入油锅中，小火煎至焦黄。

倒入调味汁，小火烧至入味、汤汁浓稠即可。

梓晴小贴士

1. 新鲜豆腐皮比较厚，所以最好用油豆腐皮做这道菜。
2. 用蛋液做黏合剂可以让豆腐皮更牢固地包裹肉馅。
3. 包好的豆腐皮饺子放入锅中时最好封口朝下，这样煎炸时才不易散开。

凉菜

炒菜

炖菜

蒸菜

煎炸

烤箱菜

乡村蒜焖鸡

🍲 原料

鸡腿300克，尖椒、红辣椒各1个

🍲 调料

大蒜1头，生姜10克，海鲜酱油3茶匙，蚝油2茶匙，盐1/2茶匙，白糖1/2茶匙，水2汤匙，植物油少许

🍲 做法

① 鸡腿洗净，去骨切小块。

② 尖椒和红辣椒洗净，去蒂去籽，切小块；大蒜去皮，生姜切片。

③ 海鲜酱油、蚝油、盐、白糖和水调匀，制成调味汁。

④ 锅中加入少许油烧热，放入姜片和鸡块，小火煸炒至鸡块出油。

⑤ 再放入大蒜，翻炒至表面金黄。

⑥ 倒入调味汁，炒至鸡块上色。

⑦ 倒水没过鸡块，大火烧沸后转小火，加盖焖煮。

⑧ 煮至汤汁快收干时加入辣椒块，翻炒至断生、汤汁收干即可。

梓晴小贴士

1.鸡块入锅后要用小火煸炒至出油，这样才不油腻。

2.大蒜一定要多放，而且要炒至金黄色，这样大蒜的香味才能充分发挥。

3.尖椒和红辣椒不宜炒太长时间，待鸡块炖好后加入，翻炒至断生即可。

姜汁豆腐泡

原料

豆腐泡150克

调料

生姜15克，酱油20毫升，白糖10克，水200毫升

做法

生姜洗净去皮，切丝。

在碗里倒入酱油和水拌匀，制成调味汁。

豆腐泡洗净，沥干后连同姜丝一起放入砂锅中。

加入白糖，倒入调味汁。

大火煮沸后转中小火慢炖。

待汤汁浓稠后即可关火。

梓晴小贴士

1. 加了糖的汤汁容易烧焦，所以一定要用小火慢炖。
2. 白糖和姜的用量可根据个人口味增减。
3. 加入调味汁后豆腐泡容易浮起来，这时用锅铲轻轻按压可以让豆腐泡吸收更多汤汁，更易入味。

凉菜

炒菜

炖菜

蒸菜

煎炸

烤焗菜

川味土豆烧排骨

🗂 原料

排骨300克，土豆500克

🗂 调料

红辣椒3个，姜末15克，八角2个，花椒10粒，郫县豆瓣酱30毫
升，老抽30毫升，料酒15毫升，白糖5克，蚝油、盐、植物油适量

🗂 做法

排骨洗净，剁成小块。

放入沸水中焯至变色，
捞出，洗去血沫备用。

豆瓣酱剁碎；红辣椒切
圈；土豆去皮切小块，
用清水浸泡片刻。

锅中加入1汤匙油烧热，
放入沥干的土豆块煎至
金黄，盛出备用。

锅烧热，放入2汤匙油，
再放入排骨，炒至金黄
后盛出备用。

锅中留底油，放入豆瓣
酱、红辣椒圈和姜
末，炒出香味。

加入排骨翻炒。

加入老抽和料酒炒匀。

加沸水没过排骨，烧沸。

加入八角和花椒，加
盖转小火，煮20分钟，
直至排骨酥烂。

加入煎过的土豆块烧5
分钟，直至汤汁收干。

最后加入白糖、盐和蚝
油调味。

▷ 梓晴小贴士 ▶

1. 排骨经过流水的反复冲洗和焯烫才能彻底去除血水，吃起来才不会有腥味。

2. 土豆切块后放入清水中可以防止变色。

3. 如果不喜欢吃辣，可以不放郫县豆瓣酱，这样做出的就是普通的土豆烧排骨。

凉菜
炒菜
炖菜
蒸菜
煎炸
烤箱菜

酒糟春笋鸡

原料

新鲜竹笋200克，鸡翅中10个

调料

酒酿200毫升，老姜3片，剁椒酱10克，老抽10毫升，料酒、盐少许，植物油适量

做法

新鲜竹笋去皮洗净，对半剖开，切滚刀块。

锅中加水，大火烧沸，倒入竹笋块焯2分钟，捞出，过凉水备用。

鸡翅中洗净，每个剁成三段。

锅中放入凉水和鸡块，加入姜片和料酒，大火煮沸。

待浮出很多浮沫后，捞出鸡块和姜片，用温水洗净。

锅中加入少许油，烧至六成热，放入沥干的鸡块煸炒。

炒至水分略微收干、鸡块略微变黄，盛出备用。

锅中加入适量油，烧至六成热，放入姜片和剁椒酱，煸炒出香味。

放入鸡块，翻炒均匀。

加入老抽、酒酿和没过鸡块的水（热水、凉水均可），加盖焖煮15分钟。

加入竹笋块，再加盖焖煮10分钟。

加入少许盐调味，炒匀即可出锅。

梓晴小贴士

1. 如果没有新鲜竹笋，可以在超市购买袋装竹笋，也可以根据自己的喜好用其他食材代替。
2. 竹笋焯2分钟后捞出并用凉水浸泡，这样处理后没有涩味。
3. 鸡块焯水可以去除血水和多余的油脂；如果鸡翅中较小，可以剁成两段。

凉菜

炒菜

炖菜

蒸菜

煎炸

烤焗菜

回锅鸡翅

原料

鸡翅中10个，尖椒2个，红辣椒1个

调料

姜片10克，大葱10克，大蒜5克，盐1茶匙，蚝油1茶匙，鸡精1/4茶匙，卤料粉、植物油适量

做法

鸡翅中洗净，剁成两半。

用姜片腌渍片刻。

尖椒、红辣椒洗净，斜切成段。

大葱洗净切段，大蒜切末。

鸡块放入砂锅中，根据分量加入卤料粉和水。

大火煮沸。

转小火继续煮10分钟后关火，待卤汁变凉后鸡快就入味了。

将卤好的鸡块放入油锅中，大火炸至焦黄。

锅中留适量底油，炒香蒜末。

放入辣椒段和大葱段，略微翻炒。

放入炸好的鸡块，翻炒均匀。

依次加入盐、蚝油和鸡精，翻炒均匀即可。

梓晴小贴士

1. 冷冻过的鸡翅可以先用姜汁腌一会儿，再清洗干净。
2. 卤好的鸡翅可以直接和尖椒一起炒，但先炸一下它的口感更酥脆。

凉菜
炒菜
炖菜
蒸菜
煎炸
烤箱菜

石锅
土豆鸡块

🍲 原料

鸡腿3个，土豆1个，尖椒2个，洋葱半个

🍲 调料

生姜10克，大蒜15克，干辣椒10克，桂皮5克，八角2个，郫县豆瓣酱1汤匙，蚝油1茶匙，植物油适量

🍲 做法

① 鸡腿洗净切大块；土豆去皮切厚片，泡入凉水中；尖椒洗净切段；洋葱切块；生姜、大蒜去皮切片；干辣椒切段。

② 锅中放入适量油，加热后放入沥干的土豆片，炸至表面焦黄，盛出备用。

③ 锅中留适量热油，放入鸡块，炸至表面焦黄，盛出备用。

④ 锅中留2汤匙油，加入干辣椒段、桂皮、八角、郫县豆瓣酱、姜片和蒜片，小火炒香。

⑤ 再放入洋葱块，翻炒至洋葱变透明。

⑥ 放入炸好的鸡块和尖椒段，翻炒入味。

⑦ 放入炸好的土豆片，翻炒均匀。

⑧ 最后淋上蚝油。

梓晴小贴士

1.鸡腿、鸡翅或整鸡都可以用来做这道菜。土豆切好后要放入凉水中浸泡，否则很容易变色。
2.就算没有石锅，这道菜放在小铁锅或者盘中也一样可口。

干锅
熏干腊肉

🍶 原料

腊肉200克，熏干200克，竹笋200克，豆芽50克

🍶 调料

干辣椒30克，花椒5克，香叶2片，桂皮2片，生姜10克，大蒜20克，蒜苗1根，郫县豆瓣酱2茶匙，植物油适量

🍶 做法

① 腊肉洗净切薄片；熏干、竹笋洗净切片；豆芽洗净。

② 生姜、大蒜切片，蒜苗、干辣椒切段。

③ 锅中加入少许油，将腊肉片煸炒至肥肉颜色透明，盛出备用。

④ 锅中加入适量油，烧至五成热，将除蒜苗以外的调料煸香。

⑤ 放入笋片、熏干片和腊肉片，炒至入味。

⑥ 豆芽放入小铁锅中垫底。

⑦ 倒入步骤5中炒好的食材，撒上蒜苗段即可。

◤ 梓晴小贴士 ▶

1. 提前煸炒腊肉可以将油脂炒出来，这样腊肉才不会油腻。
2. 熏干有种特别的烟熏味道，可以用五香豆腐干或者白豆腐干代替，只是味道略有不同。
3. 豆芽可直接放入小铁锅中垫底，也可以炒熟后盛入盘中垫底。

凉菜
炒菜
炖菜
蒸菜
煎炸
烤箱菜

什锦菌烩锅塌豆腐

📦 原料

嫩豆腐200克，香菇50克，鸡腿菇50克，蟹味菇50克

📦 调料

大蒜5克，大葱5克，蒜苗1根，鸡蛋1个，蚝油1茶匙，浓汤宝1茶匙，水3汤匙，盐、面粉少许，植物油适量

📦 做法

嫩豆腐切厚片。

香菇、鸡腿菇和蟹味菇洗净沥干，切成适当大小。

大蒜、蒜苗洗净切末，大葱切片。

鸡蛋打入碗内，加少许盐，搅拌均匀。

豆腐块依次蘸满面粉和蛋液。

锅中加入适量油，烧热后放入豆腐块，炸至金黄色。

将豆腐块翻面，直至两面都变成金黄色，捞出沥干备用。

锅中加入适量油，爆香大葱片和蒜末。

放入各种蘑菇，炒匀。

依次加入水、浓汤宝和豆腐，翻炒入味。

最后加入蚝油和蒜苗末，炒匀即可。

梓晴小贴士

1. 豆腐不宜切得太薄，否则容易碎。
2. 炸豆腐的时候一定不能心急，要待一面炸至金黄色再翻面炸另一面。
3. 蘑菇的品种很多，可以根据个人口味选择一种或者多种蘑菇。

凉菜
炒菜
炖菜
蒸菜
煎炸
烤焖菜

酸菜排骨炖粉条

📋 原料

排骨400克，东北酸菜100克，红薯粉条100克

📋 调料

八角2个，桂皮2片，香叶3片，干辣椒2个，老姜3片，郫县豆瓣酱15克，黄酒、植物油适量

📋 做法

排骨洗净，剁成4厘米长的段。

红薯粉条用温水泡软，捞出备用。

东北酸菜切丝。

锅中放入凉水和排骨，大火煮沸，待浮出很多浮沫后捞出排骨，用温水洗净。

将排骨放入高压锅中，加入八角、桂皮、香叶、干辣椒、老姜和黄酒，加水没过排骨。

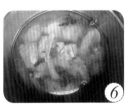

加热15分钟，捞出排骨沥干备用。

中火加热炒锅中的油，烧至六成热时加入郫县豆瓣酱炒香。

放入酸菜丝，翻炒片刻。

放入排骨，翻炒片刻。

放入泡好的粉条，翻炒均匀。

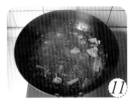

加入炖排骨的汤，煮5分钟左右，入味即可。

凉菜
炒菜
炖菜
蒸菜
煎炸
烤焗菜

▷ 梓晴小贴士 ▷

1. 如果没有东北酸菜，可以用四川酸菜代替。大家可以根据个人喜好选择。
2. 如果没有高压锅，可以用普通的锅中火炖40分钟左右，直至排骨软烂。
3. 酸菜含较多盐，可根据个人口味酌情添加。

梅香茄子煲

🍲 原料

茄子3个，猪肉末100克，彩椒60克

🍲 调料

生姜10克，大蒜10克，香葱末10克，大葱10克，料酒1茶匙，生抽1茶匙，淀粉2克，色拉油1茶匙，梅菜肉酱2汤匙，植物油适量

🍲 做法

① 茄子洗净，切成长条。

② 锅中放油，烧热后放入茄条，炸至金黄。

③ 猪肉末中加入料酒、生抽、淀粉、姜末和色拉油，抓匀后腌一会儿。

④ 彩椒洗净切丁。

⑤ 大葱洗净切片，大蒜去皮切末。

⑥ 锅中加入少许油烧热，将腌好的肉末炒至变色，盛出备用。

⑦ 锅中加入适量油，爆香大葱片和蒜末。

⑧ 放入彩椒丁和梅菜肉酱，炒香。

⑨ 再放入肉末和茄条，烧至入味。

⑩ 预热小砂锅，装入炒好的梅香茄子，撒上香葱末即可上桌。

> **梓晴小贴士**
>
> 1. 如果不喜欢油炸，可以将茄子放入沸水中焯烫一下，然后捞出沥干。
> 2. 如果没有小砂锅，直接将炒好的梅香茄子装入盘中也很不错。

干锅酱猪蹄

🍲 原料

猪蹄4个

🍲 调料

生姜8～10片，大葱3～4段，干辣椒8个，花椒15粒，桂皮3片，八角4个，料酒2汤匙，红烧酱油1汤匙，冰糖1茶匙，盐、植物油适量

🍲 做法

猪蹄剁成块，用流水洗净。

锅中加入清水，放入猪蹄和1/2的姜片，大火煮沸后继续煮5分钟。

捞出猪蹄，用温水洗净，沥干备用。

把干辣椒、花椒、桂皮和八角用纱布包好，制成卤料包。

锅中放入适量油和冰糖，加热至冰糖熔化，油锅中冒泡。

放入猪蹄，翻炒至上色。

依次放入料酒和红烧酱油翻炒均匀。

加入没过猪蹄的沸水，大火煮沸后加入剩下的姜片、大葱段和卤料包。

转小火，炖1小时以上，直至猪蹄软烂。

最后加适量盐调味，大火收汁。

梓晴小贴士

1 如果猪蹄上有毛，可以用火烧去。
2 最好在购买猪蹄时请商家将它剁成块。

鲜煮小龙虾

📷 **原料**

鲜活小龙虾300克

📷 **调料**

大蒜5瓣，生姜3片，香葱2根，料酒1汤匙，老抽1茶匙，盐、植物油适量

📷 **做法**

用剪刀剪去小龙虾的螯足。

去掉鳃部和头部淤积的污物。

取出头部的虾黄放在碗中。

抽掉肠子。

锅中加入适量油烧热，放入姜片和大蒜，煸炒出香味。

放入小龙虾，翻炒约2分钟。

依次加入料酒、老抽和几乎没过小龙虾的水。

再加入虾黄，盖上锅盖，继续煮10分钟。

加入适量盐，转大火收汁。

> **梓晴小贴士**

1. 小龙虾要用刷子刷洗干净腹部；它的肠子与尾巴的中间部分连接，所以只要抽那部分尾巴就能抽出肠子了。
2. 小龙虾的虾黄十分鲜美，千万不要扔掉了。
3. 如果想吃辣味的小龙虾，可以加一些郫县豆瓣酱；如果喜欢用汤汁拌米饭，就不收汁。

风味红烧鱼块

原料

草鱼1条（约2斤）

调料

灯笼椒1小碗，花椒10粒，大葱10克，生姜10克，大蒜15克，老干妈香辣脆油辣椒2汤匙，老姜3片，料酒1汤匙，盐1/2茶匙，生抽1茶匙，姜粉1克，白胡椒粉1克，淀粉3克，郫县豆瓣酱2茶匙，豉油鸡汁1茶匙，白糖1茶匙，水淀粉15克，植物油适量

做法

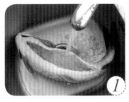

将处理好的草鱼用流水反复清洗。一定要去掉腹内的黑膜，否则鱼腥味很重。

用剪刀剪去鱼鳍。

切下鱼头，煎过以后煮汤备用；鱼身先切成宽段，再切成小块。

鱼块中依次加入料酒、盐、生抽、姜粉、白胡椒粉、淀粉、老姜片，抓匀后腌一会儿。

锅中加入适量油烧热，加入腌好的鱼块炸至金黄色。

捞出鱼块，沥干备用。

大葱、生姜、大蒜洗净去皮，切成适当大小。

锅中加入适量油，将葱、姜、蒜、干灯笼椒、花椒和豆瓣酱小火炒香。

依次加入鱼块、鱼头汤、豉油鸡汁、白糖和水，炖至汤汁浓稠。

用水淀粉勾芡。

最后加入少许香辣脆油辣椒，翻炒均匀即可。

梓晴小贴士

1.在市场买鱼时可要求商家将鱼处理好。

2.最好剪掉鱼头附近的胸鳍，因为做鱼头汤前需要将鱼头煎一会儿，而胸鳍很容易焦。

凉菜

炒菜

炖菜

蒸菜

煎炸

烤箱菜

东坡肉

🍲 原料

五花肉1000克

🍲 调料

香葱500克，生姜片若干，冰糖60克，盐10克，生抽200毫升，黄酒1000毫升，红烧酱油30毫升

🍲 做法

五花肉洗净，用刀刮去猪皮上的毛和油脂。

锅中加入适量水，放入整块五花肉煮10分钟，直至浮出浮沫后捞出。

待五花肉不烫手后将其切成5厘米见方的块。

将黄酒、生抽、盐、红烧酱油和冰糖混合均匀，制成调味汁。

香葱洗净，切去根部，整把放在砂锅底部盘好。

五花肉带皮的一面向下，整齐地码放在香葱上。

放入姜片，倒入调味汁。调味汁没过肉块即可，因为香葱煮软后会塌陷。

盖上盖子，大火煮沸后转小火煮90分钟。之后将五花肉翻面，使带皮的一面向上，继续用小火煮60分钟。

取出东坡肉，整齐地码入盘中，挑出香葱和姜片不用，把剩余的少许肉汁淋在东坡肉上。

梓晴小贴士

1. 砂锅的保温性能非常好，可以使各种调料的味道慢慢地渗入肉中，还能最大限度地保留肉香。
2. 在烹调过程中，火越小越好，但小火非常容易被风吹灭，所以要经常查看，以免发生危险。
3. 如果家中灶具的火力不够小，可适当增加黄酒的用量，但一定不要加水，这样才能保证肉味醇香。
4. 做东坡肉时一定要选择五花肉。
5. 这道菜要用到很多香葱，不要被吓到哟。

凉菜

炒菜

炖菜

蒸菜

煎炸

烤箱菜

排骨乱炖

原料

猪肋排500克，老玉米1根，四季豆200克，土豆200克，胡萝卜1根，南瓜200克，长茄子1根

调料

大葱1段，老姜1块，八角2个，花椒3克，桂皮1片，东北大酱100克，盐5克，料酒30毫升，植物油30毫升

做法

猪肋排用流水冲洗干净，剁成5厘米长的段。

大葱洗净，切成3厘米长的段；老姜洗净切片。

锅中放入排骨、姜片、料酒和凉水，大火煮沸后煮约5分钟，捞出洗去血沫，沥干备用。

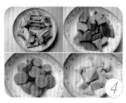

土豆、胡萝卜洗净去皮，切成3厘米长的滚刀块；南瓜洗净去籽，带皮切成一样大的滚刀块。

老玉米切成1厘米厚的片；长茄子洗净带皮切成3厘米长的段；四季豆择去老筋，掰成两段。

中火加热锅中的油，烧至五成热时放入八角、花椒、姜片、大葱段和桂皮炒香。

放入东北大酱和盐，炒出香味。

将排骨、胡萝卜、土豆、南瓜、四季豆和老玉米放入锅中，翻炒均匀。

加入适量水（约1200毫升），大火煮沸。

转小火，盖上盖子煮约40分钟。

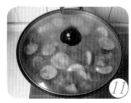

最后放入茄子，继续煮15分钟即可。

梓晴小贴士

1. 如果买不到正宗的东北大酱，也可将干黄酱加少许水调匀来代替。

2. 油烧至五成热时，手掌置于炒锅上方能感到热气。

干锅
莴笋腊肠

🍲 原料

莴笋1根，腊肠1根，干木耳10克

🍲 调料

大葱2段，生姜5克，大蒜10克，蒜苗1根，香辣花生30克，郫县豆瓣酱2茶匙，黄酒1茶匙，生抽1茶匙，植物油适量

🍲 做法

 ① 莴笋洗净，去皮切片。

 ② 干木耳用温水浸泡20分钟，待完全泡发后去除根蒂，撕成小朵。

 ③ 腊肠放入蒸锅中大火蒸约15分钟，取出放凉后切薄片。

 ④ 大葱、生姜、大蒜和蒜苗洗净切末。

 ⑤ 锅中放入适量油和郫县豆瓣酱，炒出红油。

 ⑥ 放入葱末、姜末和蒜末炒香。

 ⑦ 依次放入莴笋片、腊肠片和木耳，翻炒片刻后加入黄酒和生抽。

 ⑧ 莴笋片炒熟后加入香辣花生和蒜苗末，翻炒均匀即可。

◣ 梓晴小贴士

1. 用其他爽脆的蔬菜（如菜花、竹笋等）代替莴笋，同样很好吃。

2. 可以用腊肉代替腊肠，不过腊肉蒸熟之后要煸炒出油，这样才可口。

Part 4

蒸菜

西蓝花蒸蛋

🍲 **原料**

鸡蛋3个，西蓝花50克，胡萝卜20克

🍲 **调料**

生抽1汤匙，蚝油1茶匙，香油、淀粉少许，水150毫升

🍲 **做法**

西蓝花切小朵，洗净，放入沸水中焯熟，捞出沥干。

西蓝花分别装入小碗中并拌上少许淀粉。

鸡蛋打散，加水拌匀，撇去表面的泡沫。

将蛋液倒入放有西蓝花的小碗中，用保鲜膜封好碗口。

小碗入锅蒸约15分钟后取出。

胡萝卜去皮擦成丝，放入沸水中焯烫一会儿，捞出沥干。

将生抽、蚝油和香油拌匀，制成调味汁，淋在蒸好的鸡蛋上。

以胡萝卜丝点缀即可。

梓晴小贴士

1.每个鸡蛋大约需用50克水调成蛋液，若想多做几碗蛋羹，根据鸡蛋的个数加水即可。

2.蒸蛋前要用保鲜膜封好碗口，否则蒸的过程中从锅盖上滴下的水会令蛋羹表面粗糙。

腊肠蒸鸡翅

原料

鸡翅中4个，腊肠1根，干香菇5朵

调料

香葱2根，生姜1块，料酒1汤匙，生抽1汤匙，蚝油1茶匙，淀粉1/2茶匙

做法

①

鸡翅中洗净斩小块，置于碗中；腊肠切片；生姜去皮切片；香葱切段；香菇用温水泡发后切条。

②

鸡块中依次加入料酒、生抽、蚝油、姜片和淀粉，抓匀后腌20分钟。

③

腌好的鸡块装入盘中，拌入腊肠片和香菇条，再摆上香葱段。

④

小心地将盘子放入蒸锅中。

⑤

大火蒸15分钟即可。

梓晴小贴士 ▶

1. 这道菜里的腊肠可以用腊肉代替。腌好的鸡块要尽量铺平，这样蒸的时候受热才均匀。
2. 做这道菜一定要用干香菇，因为新鲜香菇的香味没有干香菇浓郁。

家传古法蒸茄子

🍲 原料

茄子350克，猪瘦肉60克，干香菇5朵，红枣4颗

🍲 调料

生姜2片，色拉油2汤匙，蚝油3汤匙，白糖1/3汤匙，鸡精1汤匙，盐1/3汤匙，生抽1汤匙，水1/2杯

🍲 做法

瘦肉洗净切丝；干香菇用清水泡发，去蒂后挤干切丝；红枣泡发后去核切细丝；生姜去皮切丝。

将以上食材放入大碗中拌匀，再加入蚝油、白糖、鸡精、盐、生抽、水和1汤匙色拉油拌匀。

茄子洗净去皮去头尾，切成5厘米长的细条，放入沸水中焯烫1分钟，捞出沥干。

将茄条放入步骤2中的大碗中拌匀，再淋1汤匙色拉油，盖上保鲜膜。

蒸锅中加水，煮沸后放入大碗。

大火蒸15分钟即可出锅。

梓晴小贴士

做这道菜一定要用干香菇，因为新鲜香菇的香味没有干香菇浓郁。

香菇火腿蒸鳕鱼

🍲 原料

鳕鱼1块，干香菇2朵，金华火腿10克

🍲 调料

香葱1根，生姜2片，红辣椒2个，蒸鱼豉油15毫升，料酒15毫升，白糖5克，白胡椒粉1克，盐适量

🍲 做法

鳕鱼冲净擦干，干香菇用温水泡发切丝，火腿切丝，生姜洗净切丝，香葱切末，红辣椒切圈。

鳕鱼放入盘中，铺上姜丝、火腿丝和香菇丝。

将蒸鱼豉油、料酒、白糖、盐和白胡椒粉放入小碗中，搅拌均匀后淋在鳕鱼块上。

入锅大火蒸5分钟。

出锅后撒上少许香葱末和红辣椒圈即可。

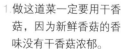

梓晴小贴士

1 做这道菜一定要用干香菇，因为新鲜香菇的香味没有干香菇浓郁。

2 金华火腿可以说是这道菜的灵魂，不可或缺。蒸鳕鱼的时间不宜过长。

凉菜 | 炒菜 | 炖菜 | **蒸菜** | 煎炸 | 烤箱菜

泡菜蒸丸子

🥘 原料

猪肉末200克，泡菜150克，
莲藕50克，油菜8棵

🥘 调料

生姜5克，盐6克，泡菜汁1茶
匙，淀粉1茶匙，韩式辣椒酱1汤
匙，高汤2汤匙，植物油1茶匙，
水淀粉1汤匙

🥘 做法

1 莲藕去皮切片，焯水后捞出沥干切末；生姜洗净去皮切末；泡菜切末；油菜去除老叶。

2 猪肉末中加入少许水，用筷子朝一个方向搅打上劲。

3 加入1/2茶匙盐、1/2茶匙姜末、泡菜汁和淀粉，搅拌均匀。

4 加入莲藕末和泡菜末，拌匀以使肉末入味。

5 将肉末挤成丸子状，放入盘中。

6 入锅蒸5~6分钟，取出备用。

7 油菜在加了油和1/2茶匙盐的沸水中烫熟，和丸子一起摆盘。

8 将韩式辣椒酱、高汤、1/4茶匙盐和水淀粉混合，煮沸。

9 将煮好的酱汁淋在丸子上。

梓晴小贴士

1. 莲藕可以用荸荠或者山药代替。
2. 在肉末中加水可以让丸子更嫩、更筋道，但一定要分次加水并且朝着一个方向搅打。

榄菜蒸豆腐

☐ 原料

豆腐350克，橄榄菜40克，肥瘦肉50克

☐ 调料

大蒜10克，生姜5克，香葱2根，橄榄油2汤匙，生抽1茶匙，蚝油1茶匙，水淀粉1汤匙，植物油适量

☐ 做法

豆腐先切成大块，再如图切薄片，但不要切断。

肥瘦肉洗净，剁成肉末。

生姜洗净去皮切细末；香葱洗净切末。

大蒜去皮洗净，拍碎后放入小碗中，加热橄榄油并倒在蒜泥上，制成油泼蒜泥。

在豆腐片的缝隙中塞橄榄菜，再淋上油泼蒜泥。

放入蒸锅，蒸8分钟后取出。

锅中放入适量油烧热，放入肉末和姜末，炒至肉末变色。

加入生抽和蚝油，再淋入水淀粉，制成酱汁。

将酱汁淋在豆腐上，撒上葱末。

凉菜
炒菜
炖菜
蒸菜
煎炸
烤箱菜

◣ 梓晴小贴士 ▶

1. 做这道菜一定要选用嫩豆腐，口感才滑嫩。

2. 嫩豆腐可以生吃，所以不用蒸太长时间，否则嫩豆腐会呈蜂窝状且口感粗糙。

3. 肥瘦肉可以用鸡肉或牛肉代替。

梅菜肉酱蒸豆腐蛋羹

🍲 原料

鸡蛋2个，嫩豆腐80克

🍲 调料

香葱1根，梅菜肉酱1汤匙，蒜蓉辣酱1茶匙，海鲜酱油、凉开水适量，香油少许

🍲 做法

碗中打入鸡蛋，用筷子搅打均匀。

按1个鸡蛋加7汤匙水的比例加入凉开水，搅拌均匀。

将蛋液表面的泡沫撇净，加少许香油拌匀。

嫩豆腐切成小块放在碗底，倒入蛋液，盖上保鲜膜。

蒸锅中的水沸后，放入盛有蛋液的碗，中小火蒸12~15分钟取出。

香葱洗净切末。

在蛋羹中加入香油、海鲜酱油、梅菜肉酱、蒜蓉辣酱和葱末即可。

梓晴小贴士

1.如果鸡蛋比较小，可按1个鸡蛋配6汤匙水的比例加水。

2.撇去泡沫可以令蛋羹更滑嫩，也可以用筛子过滤蛋液。

粉蒸南瓜肉

🍲 原料

鸡翅根150克，南瓜300克

🍲 调料

料酒1汤匙，姜粉1克，白胡椒粉1
克，生抽1茶匙，淀粉1/2茶匙，蚝油
2茶匙，豆豉香辣酱2汤匙，蒸肉米粉
200克

🍲 做法

翅根去骨切小块，加入
料酒、姜粉、白胡椒
粉、生抽、淀粉和蚝
油，拌匀。

加入部分豆豉香辣酱和
蒸肉米粉，拌匀备用。

南瓜洗净切滚刀块，加
入剩下的豆豉香辣酱和
蒸肉米粉，拌匀备用。

将拌好的鸡块和南瓜
块混合均匀。

将荷叶铺在笼屉内，放
入鸡块和南瓜块。

笼屉上锅，在上面盖一
层荷叶。

蒸25分钟即可出锅。

凉菜

炒菜

炖菜

蒸菜

煎炸

烤箱菜

梓晴小贴士

1. 可以用鸡翅中、鸡腿肉或者鸡脯肉代替鸡翅根。
2. 如果没有笼屉，就尽量找较平的盘子代替，以便食材均匀受热。

蘑菇蒸苦瓜

原料

苦瓜1根，香菇2朵，鸡腿菇50克，蟹味菇30克，粉丝50克

调料

大蒜10克，盐1/2茶匙，白糖1/2茶匙，鸡精1/4茶匙，蚝油1茶匙，剁椒酱1茶匙，橄榄油适量，香油少许

做法

1 苦瓜洗净，剖开后去瓤，斜切成厚片。

2 苦瓜片放入盐水中浸泡片刻。

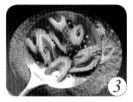

3 在沸水中焯一下，捞出后放入冰水中备用。

4 香菇、鸡腿菇、蟹味菇洗净切丝（或手撕）。

5 粉丝用温水泡软备用。

6 大蒜去皮洗净，拍碎后放入小碗中，加热橄榄油并倒在蒜泥上，制成油泼蒜泥。

7 在蘑菇丝中依次加入盐、白糖、鸡精、蚝油、剁椒酱和香油，拌匀备用。

8 如图将焯过水的苦瓜片摆盘。

9 将泡软的粉丝放在苦瓜片中间，再将腌好的蘑菇丝放在粉丝上。

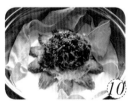

10 蒸锅加水，水沸后放入盘子。

11 大火蒸5分，吃的时候拌匀食材即可。

梓晴小贴士

1 苦瓜片放入盐水中浸泡可以去除部分苦味，如果你喜欢苦味，也可省略这个步骤。

2 可以根据个人喜好选择一种或者多种蘑菇。

3 蘑菇最好用手撕成丝，这样更容易入味。

凉菜 炒菜 炖菜 **蒸菜** 煎炸 烤箱菜

吉庆有鱼

🍲 原料

鲈鱼1条（约700克）

🍲 调料

朝天椒3个，香葱1根，老姜1块，大葱10克，大蒜2
瓣，生抽2汤匙，白糖2茶匙，绍酒2汤匙，盐1茶匙，
植物油1汤匙

做法

1 鲈鱼剪去鱼鳍，刮去鳞片，用流水将表面清洗干净。

2 从胸鳍处将鱼头切下。

3 用流水将鲈鱼内部冲洗干净。

4 从鱼背下刀，将鱼身切成1厘米宽的薄片，注意不要将鱼肚切断。

5 一直切至鱼腹末端，最后将尾巴切下来。

6 大葱洗净切段，部分老姜洗净切片。

7 大蒜和剩下的老姜去皮切末，朝天椒切末。

8 香葱切末。

9 将鲈鱼肉展开并依次重叠，整齐地摆在盘中。

10 撒上盐调味，再放上姜片和大葱段。

11 将盘子放入蒸锅中，大火蒸5分钟。

12 炒锅中倒油，中火烧至五成热，放入姜末、蒜末和朝天椒末爆香。

13 加入绍酒、生抽和白糖，小火煮至白糖完全溶化。

14 将酱汁淋在蒸好的鲈鱼上，撒上葱末即可。

梓晴小贴士

1. 可以用武昌鱼或者其他鱼代替鲈鱼。鱼腹里的黑膜很腥，要细心地去除干净。

2. 鱼肉鲜嫩易熟，蒸制时间可根据鱼的大小适当调整，一般为5~8分钟。

3. 不喜欢辣椒的人可以省略朝天椒，将这道菜做成咸鲜口味的。

凉菜　炒菜　炖菜　**蒸菜**　煎炸　烤箱菜

蒜蓉肉酱
蒸豆腐

🍲 原料

嫩豆腐250克，猪肉末100克，香菇20克，尖椒20克

🍲 调料

香葱1根，姜粉1克，料酒1茶匙，蒜蓉辣酱1茶匙，水淀粉1汤匙，植物油适量

🍲 做法

① 嫩豆腐洗净切薄片，交错摆放在盘子中。

② 猪肉末中加入姜粉、料酒和蒜蓉辣酱拌匀。

③ 将豆腐放入蒸锅中，蒸5分钟。

④ 香菇、尖椒洗净切丁。

⑤ 锅中加入适量油，烧至温热时放入肉末，炒散至变色。

⑥ 放入香菇丁和尖椒丁。

⑦ 加入水淀粉炒匀，蒜蓉肉酱就做好了。

⑧ 将蒜蓉肉酱淋在蒸好的豆腐上即可。

梓晴小贴士

1. 可以根据自己的喜好摆放豆腐。
2. 蒜蓉辣酱是咸的，所以要加盐的话不能加太多。
3. 蒸嫩豆腐的时间不宜过长，否则豆腐口感不好。

咸蛋黄蒸肉饼

🍲 原料

肥瘦肉300克，菜心100克，咸鸭蛋3个，山药50克

🍲 调料

生姜5克，料酒1茶匙，海鲜酱油1茶匙，李锦记涮涮特辣酱2茶匙，淀粉1/2茶匙，水淀粉1汤匙，生抽1茶匙，蚝油1茶匙，香油适量

🍲 做法

菜心洗净，放入沸水中焯烫，捞出沥干。

肥瘦肉洗净剁成末，山药去皮洗净切丁，生姜去皮切末，混合均匀。

加入料酒、海鲜酱油、辣酱、淀粉和香油，朝一个方向搅打上劲。

将肉末分别放入小碗中，将咸蛋黄切成两半，分别摆在碗中央。

将小碗放入蒸锅中，中火蒸20分钟。

将焯好的菜心摆盘，取出肉饼放在菜心上。

将小碗中的汤汁倒入炒锅，加入生抽、蚝油、水淀粉和香油，煮沸后淋在肉饼上。

梓晴小贴士

1. 一定要选择三分肥七分瘦的猪肉，做出的肉饼才香醇、不柴不腻。
2. 菜心可以用其他绿色蔬菜（如油菜）代替。

凉菜

炒菜

炖菜

蒸菜

煎炸

烤箱菜

蒜蓉粉丝蒸扇贝

🥘 原料

扇贝6个，粉丝
50克

🥘 调料

大蒜1头，香葱1根，尖椒20克，
红辣椒20克，白酒1/4茶匙，白
胡椒粉1/4茶匙，植物油4汤匙，
鸡精1/4茶匙，蒸鱼豉油2汤匙，
盐适量，淀粉少许

🍲 做法

①

割下贝肉，洗净后撒上盐、白酒和白胡椒粉拌匀，再加少许淀粉拌匀，腌一会儿。

②

粉丝用热水泡软（约10分钟）沥干；辣椒洗净切小丁；香葱、大蒜切末。

③

锅中加入油，烧至两成热，放入蒜末，小火炒至金黄色后和油一起盛出。

④

晾凉，加入盐和鸡精拌匀。

⑤

在每个贝壳中将粉丝盘成鸟巢状，将腌好的贝肉放在上面。

⑥

将步骤4中的油留下2茶匙，将剩余的蒜蓉和油均匀地淋在贝肉上。

⑦

再淋上蒸鱼豉油。

⑧

蒸锅中的水煮沸后，将扇贝整齐地平放在盘中，再将盘子放入蒸锅，大火蒸8分钟。

⑨

将葱末和辣椒丁撒在扇贝上。

⑩

烧热剩余的油，淋在扇贝上。

◢ 梓晴小贴士 ▶

1 处理贝肉：刷净扇贝，用小刀撬开后沿壳壁将贝肉割下来。去掉贝肉后的黑色内脏和裙边下黄色的腮，只留下中间的贝肉及月牙黄的部分。大碗中装清水，加点儿盐，将贝肉浸泡3分钟，再用筷子顺时针轻轻搅动，使贝肉里的泥沙沉入碗底，最后用清水冲净贝肉。

2 炒蒜蓉用的油要略多于蒜蓉，而且要用小火炒，温度过高的话蒜蓉会发苦。

凉菜
炒菜
炖菜
蒸菜
煎炸
烤箱菜

豆豉蒸五花肉

🍲 原料

五花肉300克，去皮板栗150克，千张结150克

🍲 调料

生姜10克，大蒜15克，料酒1汤匙，生抽1汤匙，腐乳汁1汤匙，豆豉辣酱2汤匙，蚝油1汤匙，淀粉1/2茶匙，色拉油1汤匙

🍲 做法

① 五花肉洗净切片。

② 生姜、大蒜去皮切末。

③ 肉片中加入所有调料（只留一部分豆豉辣酱），拌匀后腌20分钟。

④ 板栗放入笼屉，再加入一部分豆豉辣酱拌匀。

⑤ 千张结和剩下的豆豉辣酱拌匀，放入笼屉中。

⑥ 再将腌好的肉片铺在笼屉中。

⑦ 放入蒸锅，蒸30分钟。

梓晴小贴士

1. 一定要选肥瘦相间的五花肉，因为太肥的肉油腻，而太瘦的肉很柴。
2. 豆豉辣酱、腐乳汁、生抽和蚝油都含盐，所以有需要的话请酌情加盐，以免菜太咸。

Part 5

煎炸

香煎五花肉

🍲 **原料**

五花肉100克，豆角30克，香菇20克

🍲 **调料**

辣椒粉1茶匙，孜然粉1茶匙，盐1/2茶匙，炒香的白芝麻1茶匙

🍲 **做法**

① 五花肉切片；豆角洗净，去老筋后切段；香菇洗净切片。

② 锅中不放油，放入肉片，中火煸炒出油，直至表面微微焦黄。

③ 用五花肉自身出的油将豆角和香菇煎至微微焦黄。

④ 将豆角和香菇包裹在煎好的肉片中，卷成卷。

⑤ 用牙签穿透固定。

⑥ 将所有调料混合，制成蘸料。

梓晴小贴士

1. 可以买超市切好的五花肉片，也可以将五花肉放入冰箱冷冻一下，再取出切片。
2. 如果用培根代替五花肉，香味会更浓郁。
3. 豆角、香菇也可以用芦笋、胡萝卜、金针菇等其他蔬菜代替。

木耳
蔬菜蛋饼

🗒 原料

鸡蛋3个，干木耳5克，火腿肠35克，菠菜30克

🗒 调料

蚝油、植物油适量

🗒 做法

1. 干木耳用温水泡发，去根蒂后切丁；菠菜洗净后放入沸水焯30秒，沥干切末；火腿肠切丁。

2. 鸡蛋放入碗中，搅打成蛋液。

3. 放入木耳丁、火腿肠丁和菠菜末，搅拌均匀。

4. 锅中加入少许油烧热，倒入步骤3中的混合物，小火煎至凝固。

5. 翻面，煎至金黄即可。

6. 用圆形切模将煎好的蛋饼切成圆形，蘸蚝油食用。

梓晴小贴士

干木耳、火腿肠和菠菜可以用香菇、胡萝卜等代替，风味各不相同。

凉菜 炒菜 炖菜 蒸菜 **煎炸** 烤焗菜

香煎鸡肉小饼

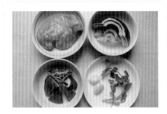

🍲 **原料**

鸡脯肉1块，洋葱30克，香菇1朵

🍲 **调料**

大蒜2瓣，香菜1根，白胡椒粉1克，姜粉1克，盐1/2茶匙，土豆淀粉1/2茶匙，植物油适量

🍲 **做法**

① 鸡脯肉洗净，先切成丁，再剁成肉末。

② 香菇、香菜、洋葱和大蒜洗净，分别切末。

③ 锅中加入少许油烧热，炒香蒜末和洋葱末。

④ 然后放入香菇末，炒熟盛出。

⑤ 在鸡肉末中分次加入适量水，用筷子朝同一方向搅打上劲。

⑥ 加入香菇末、洋葱末、香菜末、蒜末、白胡椒粉、姜粉、盐和淀粉，搅拌均匀。

⑦ 将拌好的肉末揉成小圆饼，放入有少许油的平底锅中。

⑧ 小火将鸡肉饼煎至两面金黄。

梓晴小贴士

1. 鸡肉一定要剁得很细，而且要朝一个方向搅打上劲，这样做出来的肉饼才不容易散开，而且吃起来很有弹性。
2. 鸡脯肉可以用猪肉或者牛肉代替，味道也不错。

酥香炸藕条

原料

莲藕1节

调料

香炸裹粉50克，鸡蛋1个，玉米淀粉75克，鸡精7克，水100毫升，番茄酱、植物油适量，面粉少许

做法

①将香炸裹粉、玉米淀粉、鸡精、鸡蛋和水放入容器中拌匀，制成裹粉浆。

②莲藕洗净去皮，切条。

③在藕条上撒少许面粉，拌匀。

④然后放入裹粉浆中拌匀。

⑤放入油锅中，炸至金黄色。

⑥捞出沥干，摆盘，可以配番茄酱食用。

梓晴小贴士

藕条上撒少许面粉，可以使藕条与裹粉浆粘得更牢。裹粉浆也可用来炸虾球或鸡翅。

凉菜

炒菜

炖菜

蒸菜

煎炸

烤箱菜

香脆土豆饼

🍲 原料

土豆300克，腊肠50克，洋葱30克，胡萝卜30克

🍲 调料

麻辣香炸裹粉50克，鸡蛋1个，玉米淀粉75克，鸡精7克，水100毫升，面包屑、番茄酱、植物油适量

🍲 做法

1. 将麻辣香炸裹粉、玉米淀粉、鸡精、鸡蛋和水放入一个容器中，搅拌均匀。

2. 土豆洗净去皮切厚片，蒸熟后放在筛子上碾成泥；洋葱切末；胡萝卜洗净去皮切小丁；腊肠蒸30分钟后切小丁。

3. 锅中放入少许油，炒香洋葱末。

4. 依次放入胡萝卜丁和腊肠丁，炒熟备用。

5. 将炒好的洋葱末、胡萝卜丁和腊肠丁放入土豆泥中搅拌均匀。

6. 将拌好的土豆泥分成30克大小的团。

7. 将每团土豆泥整成长方形的土豆饼。

8. 将土豆饼逐个放入裹粉浆中。

9. 再捞出蘸好裹粉浆的土豆饼，蘸满面包屑。

10. 锅中加入油烧热，放入土豆饼，炸至表面金黄。

11. 捞出沥干，蘸番茄酱食用。

梓晴小贴士

1. 土豆片蒸熟后放在筛子上碾压可以使土豆泥更细腻，如果怕麻烦可以直接用勺子背碾压。
2. 可以根据个人喜好将腊肠换成火腿或者其他肉类。不喜欢吃肉的话，做素土豆饼也可以。
3. 土豆饼可以做成长方形，如果你喜欢，也可以做成圆形或者其他形状。

凉菜

炒菜

炖菜

蒸菜

煎炸

烤箱菜

泡菜油淋鸡腿

🍲 原料

鸡腿2个, 泡菜100克

🍲 调料

洋葱少许, 大葱1/2根, 香菜1根, 生姜2片, 大蒜3瓣, 料酒1茶匙, 生抽1汤匙, 泡菜汁2汤匙, 韩式辣酱1汤匙, 高汤3茶匙, 水淀粉1汤匙, 白糖2茶匙, 盐1/2茶匙, 白胡椒粉1/4茶匙, 黑胡椒粒1/4茶匙, 香油1/4茶匙, 面粉少许, 植物油适量

🍲 做法

① 大蒜、洋葱切末, 大葱切段, 生姜切片。

② 鸡腿洗净擦干, 加入姜片、1/3的蒜末、大葱段、洋葱末、料酒、生抽、盐、白胡椒粉和1茶匙白糖, 拌匀后腌一会儿。

③ 泡菜切丁, 香菜切末。将泡菜汁、韩式辣酱、黑胡椒粒、高汤、水淀粉、香油、1/3的蒜末和1/2茶匙白糖混匀, 制成调味汁。

④ 腌好的鸡腿薄薄地蘸一层面粉。

⑤ 油烧热, 放入鸡腿炸熟。

⑥ 捞出沥干, 剁块摆盘。

⑦ 锅中留底油, 爆香剩下的蒜末。

⑧ 倒入调味汁和泡菜丁, 煮沸。

⑨ 淋在鸡腿上, 用香菜末点缀。

梓晴小贴士

鸡腿一定要提前腌入味。炸鸡腿时火不要太大, 否则鸡腿容易外焦里生。

凉菜

炒菜

炖菜

蒸菜

煎炸

烤箱菜

黄金俏皮香酥虾

原料

鲜虾300克

调料

鸡蛋1个，麻辣香炸裹粉50克，玉米淀粉75克，鸡精7克，水100毫升，淀粉、面包屑、植物油适量，海鲜酱油1茶匙，蚝油1茶匙，李锦记涮涮特辣酱1茶匙，香油1/2茶匙

做法

①

将麻辣香炸裹粉、玉米淀粉、鸡精、鸡蛋和水放入容器中搅拌均匀，制成裹粉浆。

②

鲜虾去头、去壳、去虾肠，但要保留虾尾，然后将虾背切开（注意不要切断）。

③

在靠近头部的位置割开一个口，将虾尾从中穿过。

④

捏住虾尾，使虾肉蘸上淀粉。

⑤

再蘸上裹粉浆。

⑥

再蘸上面包屑，备用。

⑦

将海鲜酱油、蚝油、辣酱和香油混合均匀，制成调味汁。

⑧

油烧热后放入虾，炸至金黄。

⑨

捞出沥干，淋上调味汁即可。

梓晴小贴士

炸虾球的油温不宜过高，炸至虾球表面变成金黄色即可。

凉菜

炒菜

炖菜

蒸菜

煎炸

烤箱菜

香煎辣肠土豆小饼

原料
土豆1个，麻辣香肠1根，尖椒1/2个

调料
大蒜2瓣，盐1/2茶匙，植物油适量

做法

土豆洗净去皮切厚片，蒸熟，放在筛子上碾成土豆泥备用。

辣肠放入蒸锅蒸20分钟，切末；尖椒洗净切末，大蒜切末。

锅中放入适量油，炒香蒜末。

放入尖椒末，翻炒均匀。

放入香肠末，翻炒均匀。

将炒好的香肠末、尖椒末和土豆泥混合，加入适量盐拌匀。

将混合均匀的土豆泥分成几团，稍稍压扁，做成小饼。

平底锅中放入少许油，加热后放入土豆饼，煎至底部焦黄。

翻面，将另一面也煎至焦黄。

凉菜
炒菜
炖菜
蒸菜
煎炸
烤箱菜

梓晴小贴士

1.土豆片蒸熟后放在筛子上碾压可以使土豆泥更细腻，如果怕麻烦可以直接用勺子背碾压。

2.煎土豆饼的时候一定要耐心，将一面煎至焦黄定型，再翻面煎另外一面。

黄金虾球

原料

鲜虾250克，奶酪100克，猪肉末50克

调料

白糖1茶匙，料酒2茶匙，生抽2茶匙，盐2克，鸡蛋1/2个，面包屑30克，植物油、淀粉、白胡椒粉适量

🍲 做法

奶酪切小块。

大虾挑去虾肠，剥去虾壳，将虾仁清洗干净。

虾仁沥干，剁成虾泥。

猪肉末放入虾泥中，搅拌均匀。

加入料酒、白糖、生抽、盐、白胡椒粉和1茶匙淀粉拌匀，腌渍5分钟。

鸡蛋打散。取适量腌好的肉馅，在手中压成圆饼，包入一块奶酪。

用肉馅包住奶酪块，团成球形。

将奶酪虾球依次裹上淀粉、蛋液和面包屑。

锅中加入油，大火烧至六成热，放入奶酪虾球。

炸至虾球变成金黄色捞出，沥干即可。

梓晴小贴士

1. 要想虾球吃起来有拉丝的效果，可以选用马苏里拉奶酪。
2. 黄金虾球可以直接食用，也可以搭配番茄酱或者甜辣酱食用。
3. 虾泥里加入猪肉末更便于虾球成形，也使虾球的口感也更丰富。也可以不加猪肉末。

凉菜

炒菜

炖菜

蒸菜

煎炸

烤箱菜

香炸洋葱圈

🍲 **原料**

洋葱1个

🍲 **调料**

鸡蛋1/2个，麻辣香炸裹粉25克，玉米淀粉40克，面包屑、面粉、植物油适量，鸡精3克，啤酒50毫升

🍲 **做法**

洋葱洗净，切成1厘米厚的圈，仔细拆开后泡入凉水中以减轻辛辣味。

将玉米淀粉、香炸裹粉、鸡精、鸡蛋和啤酒搅拌均匀，制成裹粉浆。

将洋葱圈依次裹上面粉、裹粉浆和面包屑。

放入烧至七成热的油锅中，中火炸至表面金黄即可。

▷ **梓晴小贴士**

1. 白洋葱、紫洋葱都可以用来做这道菜。面包屑可以自制或者买现成的。
2. 制作裹粉浆的粉类调料和液体调料的比例很重要，调好的裹粉浆应比较黏稠。
3. 油温要保持在160℃左右，炸至洋葱圈两面都变成金黄色即可。
4. 如果裹粉浆很淡，可以加少许盐。炸好的洋葱圈可蘸番茄酱食用。

孜然鸡翅

🍲 原料

鸡翅中8个

🍲 调料

生姜10克，料酒1汤匙，生抽1茶匙，蚝油1汤匙，孜然粉1/4茶匙，孜然粒1/2茶匙，白胡椒粉1/4茶匙，盐1/2茶匙，植物油适量

🍲 做法

鸡翅洗净，用牙签在背面扎一些小孔，以便入味；生姜去皮切片。

鸡翅中加入料酒、盐、生抽、白胡椒粉、蚝油和姜片，腌30分钟。

锅中加入少许油烧热，放入腌好的鸡翅，煎至表皮焦黄。

准备小碗水，与腌鸡翅后剩余的腌料一起倒入锅中。

大火炖煮。

待汤汁快收干时加入孜然粉和孜然粒。

翻炒均匀即可。

🚩 梓晴小贴士

1. 用牙签在鸡翅上扎孔可以让鸡翅更入味，但最好在背面打孔，以免破坏菜肴的品相。
2. 煎鸡翅的油不宜过多，这样才能煎出鸡翅里的油，做出的鸡翅才不油腻。
3. 加水炖鸡翅时，水量以没过鸡翅为宜。
4. 加入孜然粉后不宜炒太长时间，否则鸡翅会发苦。

炸萝卜丸子

原料

白萝卜800克，面粉300克，鸡蛋2个

调料

生姜30克，大葱50克，十三香6克，盐2茶匙，植物油适量

做法

白萝卜洗净去皮，擦成细丝。

加入盐，用手揉搓并静置一会儿，等待萝卜丝出水。

生姜、大葱洗净切末。

将萝卜丝、大葱末、姜末、面粉和十三香混合，再打入鸡蛋。

搅拌成黏稠的面糊。

锅中倒油，烧至六成热，用勺子舀出面糊倒入油锅。

炸至丸子浮起并且呈金黄色。

捞出沥干后装盘。

梓晴小贴士

1.可根据自己的口味将十三香换成黑胡椒粉或者其他调料。

2.萝卜出水后会变软，用渗出来的水与萝卜丝一起制作面糊，就不用另外加水了。

Part **6**

烤箱菜

芝士烤虾

🍲 原料

大虾8只，马苏里拉奶酪100克

🍲 调料

白葡萄酒20毫升，黑胡椒酱30克，
黑胡椒碎、比萨草少许

🍲 做法

① 将虾须和虾枪剪掉，切开背部但不要切断，去除虾肠。

② 奶酪擦丝备用。

③ 将大虾用白葡萄酒和黑胡椒酱拌匀，腌5分钟。

④ 烤箱预热至180℃。将大虾平铺在烤盘上。

⑤ 依次撒上奶酪丝、黑胡椒碎和比萨草。

⑥ 烘烤15分钟左右，直至奶酪熔化、出现少许黄色斑点。

梓晴小贴士

1. 将虾的背部切开不仅利于入味，还利于摆造型。
2. 黑胡椒酱也可以用蒜末、黑胡椒碎和蚝油的混合物代替。

培根烤土豆

原料

土豆4个，培根2片

调料

洋葱25克，面粉10克，淡奶油30毫升，盐1/4茶匙，黑胡椒碎1/4茶匙，黄油10克

做法

① 土豆洗净沥干，用锡纸包裹后放入预热至150℃的烤箱，烤约30分钟。

② 洋葱洗净、切末，培根切丁。

③ 锅中放入黄油，加热至黄油熔化后加入洋葱末，炒出香味。

④ 再放入培根丁，炒出香味。

⑤ 放入面粉、淡奶油、盐和黑胡椒碎拌匀，制成馅料。

⑥ 将烤好的土豆切开，但不要切断。

⑦ 填入馅料，放入预热至220℃的烤箱中。

⑧ 烤大约5分钟，直至表面呈金黄色即可。

梓晴小贴士

1. 烘烤时间可以根据土豆的大小做适当调整。
2. 可以根据个人喜好调配馅料，比如用中式腊肠代替培根。

凉菜 炒菜 炖菜 蒸菜 煎炸 烤箱菜

烤尖椒

🍲 原料

尖椒6个

🍲 调料

大蒜3瓣，香葱1根，生抽1汤匙，香醋2汤匙，盐1/2茶匙，鸡精1/4茶匙，香油1/2茶匙

🍲 做法

尖椒洗净，如图向下按蒂部，再掏出辣椒籽。

用流水冲洗掉辣椒籽，沥干备用。

大蒜剁成泥，香葱切末备用。

烤箱预热至200℃，将尖椒放入铺有锡纸的烤盘中。

将尖椒烤至略微焦黄。在烘烤过程中要不断将尖椒翻面，以使其受热均匀。

将烤好的尖椒切成适当大小。

将蒜泥、葱末、生抽、香醋、盐、鸡精和香油混合，制成调味汁。

将尖椒和调味汁拌匀即可。

◢ 梓晴小贴士

1 按照步骤1中的方法可以轻松去除辣椒籽，而且能够使尖椒保持外形完整。

2 在烘烤过程中要不断将尖椒翻面，让它们受热均匀。

黑胡椒奶酪烤虾

🍳 **原料**

大虾6只，马苏里拉奶酪30克

🍳 **调料**

黑胡椒汁适量，欧芹末少许

🍳 **做法**

①

大虾洗净，去头去壳留尾，去除虾肠。

②

切开虾背，但不要切断，这样虾肉更易入味，也便于摆造型。

③

将适量黑胡椒汁和大虾混合均匀，腌一会儿。

④

将腌好的大虾摆好造型，放入耐热玻璃碗中。

⑤

撒上马苏里拉奶酪和欧芹末，放入铺有锡纸的烤盘中。

⑥

烤箱预热至200℃，放入大虾，烤至奶酪上出现金黄色斑点。

梓晴小贴士

摆造型是为了成品好看，也可以直接将虾肉放在烤盘中烘烤。

凉菜 炒菜 炖菜 蒸菜 煎炸

烤箱菜

蜜汁烤鸭腿

原料
鸭腿2个

调料
大葱5段，生姜4片，八角2个，桂皮3片，花椒10粒，料酒1汤匙，红烧酱油1茶匙，海鲜酱油1茶匙，蚝油1茶匙，黑胡椒粉2克，白糖1茶匙，盐、蜂蜜适量，水少许

🍲 做法

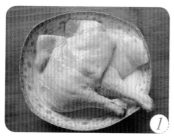

鸭腿洗净，沥干。

在鸭腿表面抹一层盐。

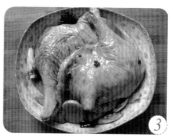

在大碗中混合料酒、红烧酱油、海鲜酱油、蚝油、黑胡椒粉、白糖、八角、桂皮、花椒、葱段和姜片，再将鸭腿放入其中。

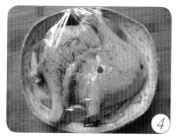

盖上保鲜膜后将大碗放入冰箱冷藏一夜，这样鸭腿更入味。

取出腌好的鸭腿，放在铺有锡纸的烤盘中并置于阴凉处风干。

蜂蜜与少许水混合后用刷子刷在鸭腿上，每个地方都要刷到。

待鸭腿稍稍晾干，将烤盘放入预热至160℃的烤箱中。

烤30分钟后取出鸭腿，再仔细地刷一层蜂蜜水，待表皮晾干再烤30分钟。

再次刷蜂蜜水并将温度调到220℃，再烤15分钟。由于烤箱各不同，建议随时观察并调整烘烤时间。

烤好的鸭腿可以直接切块食用，也可以片下鸭肉，按照吃烤鸭的方法食用。

梓晴小贴士

1. 鸭腿腌一整夜更易入味。如果等不及，腌2~3小时也可以。
2. 蜂蜜水可以由蜂蜜加色拉油或者蜂蜜加白醋代替，后者能使鸭腿表皮变得酥软。
3. 容易烤焦的部位可以先用锡纸包住或盖住，再进行烘烤。

凉菜　炒菜　炖菜　蒸菜　煎炸

烤箱菜

香烤土豆肉饼

🍲 原料

土豆300克，肥瘦肉150克，香菇30克，鸡蛋1个

🍲 调料

大蒜5克，生姜5克，植物油1汤匙，料酒1茶匙，红烧酱油1茶匙，蚝油1茶匙，盐1/2茶匙，白胡椒粉1/4茶匙，黄油少许

🍲 做法

土豆去皮洗净后放入蒸锅，中火蒸20分钟，直至筷子可以扎透土豆。

将蒸熟的土豆擦成粗丝。

肥瘦肉洗净剁成肉末；香菇洗净切小丁；生姜、大蒜切末；鸡蛋打成蛋液备用。

锅中加入油，烧至五成热，放入肉末、姜末和蒜末，翻炒至肉末变色。

加入料酒和红烧酱油，翻炒均匀。

再加入香菇丁，炒匀后加入蚝油调味。

在土豆丝中加入盐、白胡椒粉和2/3的蛋液，拌匀。

在6英寸的派盘中铺好锡纸，锡纸上涂抹一些黄油，再倒入1/2的土豆丝并用勺子轻轻压实。

然后倒入炒好的香菇肉末。

将剩余的土豆丝平铺在肉末上，并淋上剩余的蛋液。

烤箱预热至200℃，将派盘放入烤箱中层烤20分钟，直至土豆肉饼表面呈金黄色。

梓晴小贴士

1. 土豆也可以用锡纸包好，放入烤箱烤熟。
2. 土豆丝中加适量蛋液后不易散开。
3. 在锡纸上涂抹黄油便于脱模，烤出的土豆肉饼也更香。
4. 将剩余的蛋液淋在土豆肉饼表面能使其更加焦黄诱人。

凉菜
炒菜
炖菜
蒸菜
煎炸
烤箱菜

俄式培根
烤大虾

原料

大虾10只，培根5片，西蓝花100克

调料

红葡萄酒1茶匙，盐1/3茶匙，黑胡椒汁1汤匙，植物油适量

做法

① 大虾洗净，剪去虾须，去壳，去虾肠。

② 加入红葡萄酒、盐和黑胡椒汁，腌15分钟。

③ 每片培根切成两段，分别包住大虾。

④ 西蓝花洗净后分成小朵，沥干。

⑤ 烤箱预热至200℃；烤盘内刷一层油，放入西蓝花和大虾。

⑥ 烤10分钟即可。

梓晴小贴士 ▶

1.如果培根包裹大虾时容易散开，可以用牙签固定。

2.烤盘内不要刷太多油，薄薄一层即可，因为培根在烘烤过程中会渗出油。

3.培根本身有咸味，所以不用腌渍。黑胡椒汁可以用蒜末、黑胡椒碎和蚝油的混合物代替。

蒜蓉烤茄子

原料
长茄子1根

调料
尖椒1/2个，红辣椒1/2个，大蒜1/2头，植物油适量，盐1/2茶匙

做法

1 茄子洗净，对半剖开，中间用刀划几刀，但不要切断。

2 用小勺在茄子表面淋一些油，撒上盐。尖椒和红辣椒切丁。

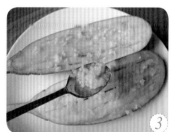

3 大蒜去皮，捣成泥，放入少许油拌匀，填在茄子的缝隙中。

4 烤箱预热至190℃，放入茄子烤15分钟。

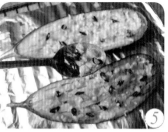

5 取出茄子，淋少许油，撒上辣椒丁。

6 放入烤箱继续烘烤5分钟左右，直至茄子变软即可。

梓晴小贴士

1. 烤着吃的茄子不宜过大，用又细又长的茄子做这道菜最理想。
2. 在茄子中间划几刀是为了便于入味，千万不要省略这个步骤。

凉菜 炒菜 炖菜 蒸菜 煎炸 **烤箱菜**

157

黑胡椒烩鸡脯

原料

土豆350克，鸡脯肉150克，甜豆荚50克

调料

洋葱30克，黄油20克，盐1/3茶匙，白胡椒粉1/4茶匙，黑胡椒汁1汤匙，植物油适量

做法

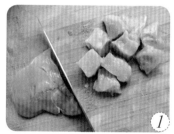

1. 鸡脯肉洗净切小块；洋葱切丁。

2. 甜豆荚择去老筋，放入沸水中焯30秒，捞出过凉水后沥干，对半切开。

3. 土豆去皮切大块，放入蒸锅中蒸熟，然后取出擦成粗丝。

4. 黄油隔水熔化后加入土豆丝中，再依次加入盐和白胡椒粉，混合均匀。

5. 将土豆丝分成5份，用圆形切模将每份土豆丝团成鸟窝状，放在铺有锡纸的烤盘上。

6. 烤箱预热至200℃，将烤盘放在烤箱中层，烤20分钟，直至土豆丝表面微微焦黄。

7. 锅中加入适量油烧热，放入鸡肉丁，翻炒至颜色变白，盛出备用。

8. 锅中加入少许油烧热，炒香洋葱丁，然后放入甜豆荚，翻炒2分钟。

9. 加入鸡肉丁，再放入黑胡椒汁翻炒均匀。

10. 用勺子将炒好的黑胡椒烩鸡脯盛在烤好的"土豆碗"中即可。

梓晴小贴士

1. 蒸土豆的时候要将土豆切成大块，这样擦出来的土豆丝才够长，便于摆造型。
2. 黑胡椒汁可以用奶油代替，甜豆荚可以用芦笋或者西蓝花代替，大家可以根据个人口味自由选择。
3. 焯甜豆荚的时候在水里加少许盐和几滴油，可以使甜豆荚的颜色更翠绿。
4. 黄油可以隔水熔化，也可以放入微波炉加热熔化。

凉菜

炒菜

炖菜

蒸菜

煎炸

烤箱菜

黑胡椒
烤鸡腿

🍲 原料

鸡腿2个

🍲 调料

生姜10克，大蒜10克，料酒1汤匙，盐1/2茶匙，生抽1茶匙，黑胡椒酱2汤匙

🍲 做法

① 鸡腿去骨，去筋；生姜、大蒜去皮切片。

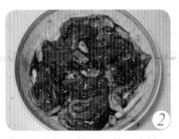

② 鸡腿肉中加入料酒、盐、生抽、黑胡椒酱、姜片和蒜片，腌30分钟。

③ 用锡纸将腌好的鸡腿肉紧紧卷起来。

④ 放入蒸锅中蒸15分钟。烤箱预热至200℃。

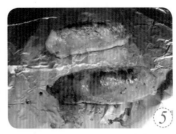

⑤ 去除锡纸，将鸡腿肉放入烤盘中，烤8分钟左右，直至表面焦黄。

◤ 梓晴小贴士 ◢

1. 鸡腿肉去骨去筋口感才鲜嫩。如果觉得这样做比较麻烦，可以用鸡脯肉代替鸡腿肉，但是口感会稍差一些。

2. 先蒸后烤可以最大限度地保留鸡肉鲜嫩的口感，也大大节省了烹饪时间。